高职高专电子信息类系列教材

信号与系统

杨 勇 主编

西安电子科技大学出版社

内 容 简 介

本书是针对高职教育的特点，结合多年来高职课程教学的实践和经验编写而成的一部供电子与通信类专业使用的教材。

全书共 7 章，主要内容包括信号与系统概述、连续时间系统的时域分析、连续时间系统的频域分析、连续时间系统的复频域分析、离散时间系统的时域分析、离散时间系统的 z 域分析——$\mathscr{Z}$ 变换及 MATLAB 在信号与系统中的应用。

全书内容简洁，循序渐进，深入浅出，体现了现代教育手段的应用。

本书可作为高等职业技术类院校电子与通信类专业的教科书，也可供相关专业的工程技术人员参考。

图书在版编目(CIP)数据

信号与系统/杨勇主编. —西安：西安电子科技大学出版社，2011.3(2024.1 重印)
ISBN 978 - 7 - 5606 - 2476 - 1

Ⅰ. ① 信… Ⅱ. ① 杨… Ⅲ. ① 信号系统－高等学校：技术学校－教材
Ⅳ. ① TN911.6

中国版本图书馆 CIP 数据核字(2010)第 181901 号

策　　划　毛红兵
责任编辑　杨宗周　毛红兵
出版发行　西安电子科技大学出版社(西安市太白南路2号)
电　　话　(029)88202421　88201467　　邮　　编　710071
网　　址　www.xduph.com　　　　　电子邮箱　xdupfxb001@163.com
经　　销　新华书店
印刷单位　陕西天意印务有限责任公司
版　　次　2024 年 1 月第 5 次印刷
开　　本　787 毫米×1092 毫米　1/16　印张 13.25
字　　数　307 千字
定　　价　36.00 元
ISBN 978 - 7 - 5606 - 2476 - 1/TN
XDUP　2768001—5

＊＊＊如有印装问题可调换＊＊＊

西 安 电 子 科 技 大 学 出 版 社

高职高专电子信息类系列教材

编 审 专 家 委 员 会 名 单

前　　言

信号与系统是电子与通信类专业的一门重要的专业基础课，也是一门理论性和系统性很强的课程，它涉及到的知识点较多，有广泛的实际工程应用背景，比较抽象。因而要全面掌握这门课程的内容，必须有足够数量及类型的练习作保证。本书结合近几年教学内容和教学方法改革的成果，在编写上遵循精选内容、加强实践、培养能力、突出应用的原则，力求以技术能力为主线，体现实用性、先进性、适用性。在原理及性质介绍上尽量做到直观、通俗，淡化公式推导，注重应用。本书在例题、习题的数量和类别上做了较大改进，从传统的计算型习题，变成了主、客观兼有的习题。用不同层次的习题加强与正文内容的密切配合，有利于读者更好地理解这门课程的基本内容。

MATLAB 在信号处理领域中已占据重要地位。为了使学生能尽早熟悉 MATLAB，本书引入了 MATLAB 软件，使学生对信号与系统的概念和理论有一个直观的认识，同时也培养学生利用计算机解决实际问题的能力，提高学习兴趣。

另外，为了提高信号与系统的实践性，增强它的可理解性，本书在书末增加了相关理论的实训内容，以加深读者对信号与系统基本原理、方法及应用的理解。

全书内容取舍得当，重点突出，既注重教材的基础性，又体现出时代气息。注重实际应用，略去了一些陈旧内容并减少了数学推导。在叙述上，本书采用循序渐进的方法，力求使理论阐述通俗易懂。

全书由西安航空技术高等专科学校杨勇教授主编。其中第 1、3 章由威海职业学院袁兆刚编写，第 2 章由威海职业学院王秀娟编写，第 4 章由西安航空技术高等专科学校肖军、杨勇共同编写，第 5、6 章由武警工程学院王为民编写，第 7 章和附录 A 的实训内容由西安航空技术高等专科学校翟维编写。全书由解放军理工大学张小虹教授担任主审。编写过程中，信号与系统课程的老师对本书编写工作给予了许多支持和帮助，在此表示衷心的感谢。

限于编者水平，书中若有不妥之处，敬请读者批评指正。

编　者

2010 年 12 月

目　　录

第 1 章　信号与系统概述

本章将首先介绍信号的概念、信号的基本分类，信号的基本运算和波形变换规则；然后介绍系统的定义，系统的特性和系统的分类；最后介绍系统的数学模型和系统的框图表示方法。

1.1　信　　号

广义地说，信号就是随时间和空间变化的某种物理量。例如，在通信工程中一般将语音、文字、图像、数据等统称为消息，在消息中包含着一定的信息。通信就是从一方向另一方传送消息，给对方以信息。但传送消息必须借助于一定形式的信号（如光信号、电信号等）才能传送。因而，信号是消息的载体，是消息的表现形式，是通信的客观对象，而消息则是信号的内容。

若信号表现为电压、电流、电荷、磁链，则称为电信号，它是现代技术中应用最为广泛的信号。信号通常是时间变量 t 的函数。信号随时间变量 t 变化的函数曲线称为信号的波形。信号的描述方式主要有两种：一种是解析函数表达形式，另一种是图像表达形式。信号的独立变量与其函数的关系是多种形式的，若以时间特征量作为自变量来表示信号，则称之为时域表示法，即把一个信号随时间变化的规律用 $f(t)$ 的解析函数表达式描述出来，或通过图像的形式描述出来。

若以频率特征量作为自变量来描述信号，则称之为频域表示法，这种信号既可以用解析函数表示也可以用图像表示。

1.1.1　信号的基本分类

由语音、图像、数码等形成的电信号，其形式是多种多样的，根据其本身的特征，可以进行如下分类。

1. 确定信号与随机信号

如果信号可以表示为一个或几个自变量的确定函数，则称此信号为确定信号，例如正弦信号、阶跃信号等。

如果一个信号在发生之前无法确定它的波形，即该信号没有确定的函数表达式，而只能预测该信号对某一数值的概率，这样的信号称之为随机信号。信息传输过程中的信号严格说来都是随机的，因为这种信号包含着干扰和噪声。

2. 周期信号与非周期信号

如果一个信号每隔固定的时间 T 精确地再现该信号的本身则称为周期信号。周期信号

的特点是：既周而复始又无始无终。一个时间周期信号的表达式为

$$f(t) = f(t \pm nT) \qquad n = 0, 1, 2, \cdots$$

满足此式的最小 T 值为信号的周期。只要给出该信号在一个周期内的变化过程，便可以确定它在任一时刻的数值。通信系统中测试所采用的正弦波，雷达中的矩形脉冲等都是周期信号。

非周期信号则具有无固定时间长度的周期。如语音波形、开关启闭所造成的瞬态等都是非周期信号。

3. 连续信号与离散信号

连续信号也可称为模拟信号，如果一个信号在所讨论的时间内，除有限个间断点外都有定义，即能够表示为连续时间 t 的函数，便称此信号在此时间范围内为连续时间信号，简称连续信号，用 $f(t)$ 表示。如生物的生长与时间的关系、一年四季温度的变化等，这些都是随连续时间 t 变化的连续时间信号。

在某些离散的时刻有定义的信号称为离散时间信号，简称离散信号，又称为离散序列，通常用函数 $f(n)$ 表示。在离散信号中，相邻离散时刻的间隔可以是相等的，也可以是不相等的，在这些离散时刻以外的时间信号无定义。如电传打字机输出的电信号、电子计算机输出的脉冲信号都是离散信号。离散时间信号中时间离散、幅值连续的信号称为抽样信号；经过量化后的离散信号，其时间和幅值均离散，称为数字信号。图 1 - 1(a) 所示信号为连续信号，而图 1 - 1(b) 所示信号为离散信号。

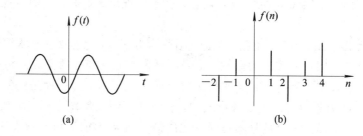

图 1 - 1　连续信号与离散信号

4. 能量信号与功率信号

能量信号是一个脉冲式信号，它通常只存在于有限的时间间隔内。当然还有一些信号存在于无限时间间隔内，但其能量的主要部分都集中在有限时间间隔内，对于这样的信号也称为能量信号。图 1 - 2 所示是某些能量信号。

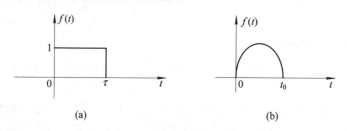

图 1 - 2　某些能量信号

为了了解信号能量或功率特性，常常研究信号 $f(t)$（电压或电流）在单位电阻上消耗的能量或功率。

在$(-\infty, \infty)$区间信号的平均功率 P 为

$$P = \lim_{T \to \infty} \frac{1}{T} \int_{-T/2}^{T/2} f^2(t)\,\mathrm{d}t$$

在$(-\infty, \infty)$区间信号的能量 E 为

$$E = \int_{-\infty}^{\infty} f^2(t)\,\mathrm{d}t$$

如果信号 $f(t)$ 的能量有界，即 $0 < E < \infty$，而平均功率 $P = 0$，则它就是能量信号，例如单脉冲信号。如果信号 $f(t)$ 的平均功率有界，即 $0 < P < \infty$，而能量 E 趋于无穷大，那么它就是功率信号，例如周期正弦信号。如果有信号能量 E 趋于无穷大，且功率 P 亦趋于无穷大，那么它就是非能量非功率信号，例如 e^{-at} 信号。也就是说，按能量信号与功率信号分类并不能包括所有信号。

【例 1 - 1】 判断下列信号是能量信号还是功率信号。

(1) $f_1(t) = \mathrm{e}^{-at}$ $a > 0, t > 0$；

(2) $f_2(t) = \mathrm{e}^{-t}$。

解 (1)

$$E = \lim_{T \to \infty} \int_{-T}^{T} \left[\mathrm{e}^{-at} U(t)\right]^2 \mathrm{d}t = \int_{-\infty}^{0} 0\,\mathrm{d}t + \int_{0}^{\infty} \mathrm{e}^{-2at}\,\mathrm{d}t = \frac{1}{2a}\mathrm{e}^{-2at} \Big|_{0}^{\infty} = \frac{1}{2a}$$

$$P = 0$$

(2)

$$E = \lim_{T \to \infty} \int_{-T}^{T} (\mathrm{e}^{-t})^2\,\mathrm{d}t = \int_{-\infty}^{\infty} \mathrm{e}^{-2t} \Big|_{-\infty}^{\infty} = \infty$$

$$P = \lim_{T \to \infty} \frac{1}{2T} E = \infty$$

故信号 $f_1(t)$ 为能量信号，$f_2(t)$ 是一个既非能量信号又非功率信号的信号。

1.1.2 信号的基本运算及波形变换

1. 加法运算

已知信号 $f_1(t)$ 和 $f_2(t)$，它们的和是指同一瞬时两信号的函数值对应相加所构成的"和信号"，相加后的表达式为

$$f(t) = f_1(t) + f_2(t)$$

【例 1 - 2】 信号 $f_1(t)$ 和 $f_2(t)$ 如图 1 - 3 所示，求信号 $f_1(t)$ 与 $f_2(t)$ 之和。

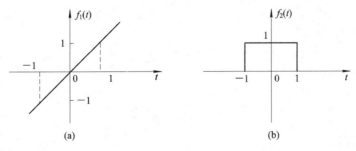

图 1 - 3 信号的加法

解　信号 $f_1(t)$ 与 $f_2(t)$ 的函数表达式分别为

$$f_1(t) = t, \quad -\infty < t < \infty$$

$$f_2(t) = \begin{cases} 0 & t < -1 \\ 1 & -1 < t < 1 \\ 0 & t > 1 \end{cases}$$

$f_1(t)$ 与 $f_2(t)$ 之和为

$$f(t) = f_1(t) + f_2(t) = \begin{cases} t & t < -1 \\ t+1 & -1 < t < 1 \\ t & t > 1 \end{cases}$$

2. 乘法运算

已知信号 $f_1(t)$ 和 $f_2(t)$，它们的积是指同一瞬时两信号的函数值对应相乘所构成的"积信号"，相乘后的表达式为

$$f(t) = f_1(t) \cdot f_2(t)$$

【例 1-3】　信号 $f_1(t)$ 和 $f_2(t)$ 如图 1-4(a) 和图 (b) 所示，求信号 $f_1(t)$ 与 $f_2(t)$ 之积。

$$f_1(t) = \begin{cases} t & t < -1 \\ t+1 & -1 < t < 1 \\ t & t > 1 \end{cases}$$

$$f_2(t) = \begin{cases} 0 & t < -1 \\ t & -1 < t < 1 \\ 0 & t > 1 \end{cases}$$

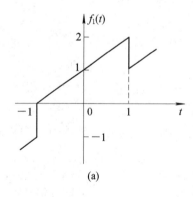
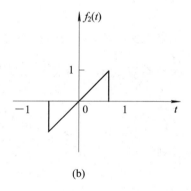

(a)　　　　　　　　　　　(b)

图 1-4　信号的乘法

解　$f_1(t)$ 与 $f_2(t)$ 之积为

$$f(t) = f_1(t) \cdot f_2(t)$$

$$= \begin{cases} 0 & t < -1 \\ t^2 + t & -1 < t < 1 \\ 0 & t > 1 \end{cases}$$

3. 信号的反折

信号的反折又称翻转，就是把原信号沿纵轴翻转 $180°$。已知原信号 $f(t)$，其反折运算

后得到 $y(t)$，表示为

$$y(t) = f(-t)$$

上式表明，将 $f(t)$ 中的自变量 t 置换为 $(-t)$ 就得到反折信号 $f(-t)$。实际上，对录制好的音像信号进行倒放的过程就是对信号的反折过程，如图 1 - 5 所示。

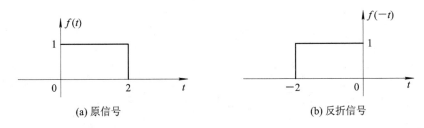

(a) 原信号　　　　　　　　　　　　　　(b) 反折信号

图 1 - 5　信号的反折

4. 信号的时移

　　信号的时移又称平移，是将原信号沿时间轴向左或向右移动，但波形的形状不变。原信号为 $f(t)$，时移后得到 $y(t)$，表示为

$$y(t) = f(t+b)$$

其中，b 为实常数，信号是将 $f(t)$ 平移 $|b|$ 个单位后的信号。当 $b<0$ 时，信号滞后于 $f(t)$，$f(t)$ 向右平移 $|b|$ 个单位；当 $b>0$ 时，信号超前于 $f(t)$，将 $f(t)$ 向左平移 b 个单位。用表达式表示时将信号 $f(t)$ 函数式中的 t 置换为 $t+b$。

　　超前可以简单地认为"时间起点（或终点）靠前"；滞后可以简单地认为"时间起点（或终点）靠后"，如图 1 - 6 所示。

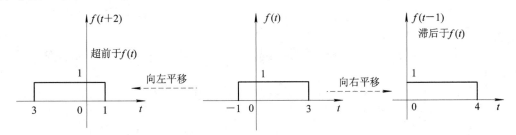

图 1 - 6　信号的时移

5. 信号尺度变换

　　信号尺度变换运算（信号压、扩运算）就是将信号由 $f(t)$ 转换成新信号 $f(at)$ 的过程，即 $f(t) \rightarrow f(at)$，其中 a 为压扩系数，a 为正实常数，但 $a \neq 0$。

　　若 $a>1$，则是将 $f(t)$ 的图像压缩到原来的 $1/a$，即得到 $f(at)$ 的图像，就是说图像压缩了；若 $0<a<1$，则是将 $f(t)$ 图像扩展 a 倍，即得到 $f\left(\dfrac{1}{a}t\right)$ 的图像，就是说图像展宽了。

　　需要注意的是，信号尺度变换运算是指在时间轴上进行图形的压缩或扩张，而在整个变换过程中信号的幅度不变。

　　【例 1 - 4】　画出图 1 - 7 所示信号 $f(t)$ 的尺度变换信号 $f(2t)$ 及 $f\left(\dfrac{1}{2}t\right)$。

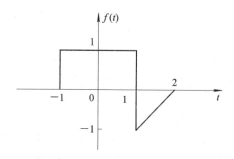

图 1-7　原信号 $f(t)$

解　以新的时间变量 $2t$ 代替 $f(t)$ 中变量 t，此时压扩系数 $a=2$，因此得到 $f(2t)$ 的图像是将原信号 $f(t)$ 图像沿时间轴压缩 $\frac{1}{2}$，如图 1-8(a)所示。同理，以新的时间变量 $\frac{1}{2}t$ 代替 $f(t)$ 中变量 t，此时压扩系数 $a=\frac{1}{2}$，则 $f\left(\frac{1}{2}t\right)$ 的图像是将原信号 $f(t)$ 图像沿时间轴扩展 1 倍，如图 1-8(b)所示。

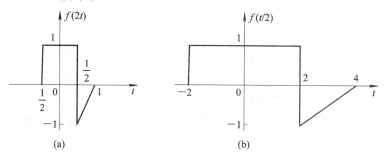

图 1-8　$f(2t)$ 及 $f\left(\frac{1}{2}t\right)$ 的图像

【例 1-5】　信号 $f(t)$ 的波形如图 1-9(a)所示。画出信号 $f(-2t+4)$ 的波形。

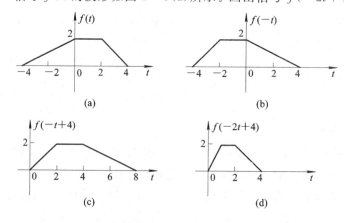

图 1-9　例 1-5 的图形

解　将信号 $f(t)$ 翻转得到 $f(-t)$，如图 1-9(b)所示；然后将 $f(-t)$ 波形向右平移，得到 $f(-t+4)$ 波形，如图 1-9(c)所示；最后将 $f(-t+4)$ 波形压缩，即得 $f(-2t+4)$ 的波形，如图 1-9(d)所示。也可以将信号 $f(t)$ 先向左平移，得到 $f(t+4)$，然后再翻转，得到信号 $f(-t+4)$ 的波形，最后进行尺度变换，得到 $f(-2t+4)$ 的波形。

1.2　系　　统

1.2.1　系统的定义及描述

在人们进行各种信息交换的过程中，信号与系统是密不可分的。信号是信息的载体，是系统传输和处理的客观对象。信号的产生、传输、加工处理和储存等都离不开系统，同样离开了信号，系统也将失去意义，二者相辅相成，作为一个整体存在。

广义而言，系统是一个由若干相互关联的事物组成的具有某种特定功能的整体。如宇宙、太阳系、地球、人体等属于自然系统；社会、国家、民族、政治机构、企事业管理机构等属于非物理系统；人为建立的通信系统、控制系统、计算机网络等属于物理系统。而在通信系统、控制系统、计算机网络等物理系统中，若仅传输电信号，则称之为电系统；若仅传输光信号，则称之为光系统；若既传输电信号，又传输光信号，则称之为光电系统。

电系统是指对电信号进行产生、传输、加工处理和存储的电路（网络）或设备（包括软件和硬件设备），简称系统。如由 R、C 组成的积分器、微分器；由 R、L、C 组成的振荡器、滤波器；由晶体管等组成的放大器、检波器、混频器、分频器、直流稳压电源、交流发电设备、雷达等。

系统表示为方框形式，如图 1-10 所示。系统的输入信号 $x(t)$ 称为激励信号，输出信号 $y(t)$ 称为响应信号。系统的功能是将 $x(t)$ 转变为 $y(t)$，其中输入 $x(t)$ 与输出 $y(t)$ 呈现一一对应的关系，表示为

$$y(t) = H[x(t)]$$

系统的输入与输出关系还可以简单地表示为

$$x(t) \rightarrow y(t)$$

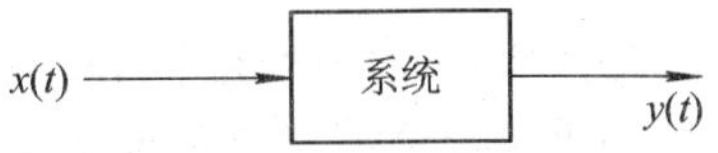

图 1-10　系统的框图

同一系统在不同激励作用下，一般会产生不同的响应。不同系统在同一激励作用下，一般也会产生不同的响应，这说明系统不同，功能各异。

图 1-10 所示的系统只有一个输入信号，一个输出信号，称为单输入单输出系统。另外还有单输入多输出系统、多输入单输出系统和多输入多输出系统。

实际的电系统均由电子元器件组成的电路网络来构成，但是"系统分析"与"电路分析"却不同，表现在：系统分析是研究系统外部特性，关心输入与输出之间的关系，分析系统的功能和特性，并判断系统能否与给定的信号相匹配，能否完成传输和处理给定信号的任务；电路分析则是研究电路网络内部特性，关心内部的局部结构和参数，如 R、L、C 的数值和连接方式以及支路的电压、电流和功率等。

1.2.2　系统的特性及分类

为了完成对不同信号的传输和加工处理，需要不同的系统来实现，系统主要有如下分类。

1. 动态系统与非动态系统

按照是否含有存储元件，可以将系统划分为动态系统和非动态系统。

含有储能元件的系统，在某时刻 t_0 的输出，不仅与该时刻的输入有关，还与该时刻的系统状态有关，这类系统称为动态系统，又称为记忆系统。系统状态是 t_0 时刻以前的激励信号对系统作用后产生的持续性影响。

不含储能元件的系统，在某时刻 t_0 的输出仅与该时刻的输入有关，这类系统称为非动态系统，又称为即时系统。

2. 连续时间系统与离散时间系统

按照系统传输、处理的信号是连续时间信号还是离散时间信号，可将系统划分为连续时间系统和离散时间系统。

传输和处理连续时间信号的系统称为连续时间系统。由 R、L、C 组成的振荡器，以及由晶体管组成的放大器等都属于连续时间系统。

传输和处理离散时间信号的系统称为离散时间系统，如单片机和计算机等都属于离散时间系统。

在实际工程中，连续时间信号和离散时间信号往往共存于一个大系统中，因此不能明确地将该系统称为连续时间系统或离散时间系统，这类系统称为混合系统。

3. 线性系统与非线性系统

按照组成系统的元件是否为线性元件，可将系统划分为线性系统和非线性系统。由线性元件所组成的系统称为线性系统，其同时具有叠加性和齐次性。含有非线性元件的系统称为非线性系统，其不具备叠加性和齐次性。线性系统不含非线性元件，但是非线性系统可以含有线性元件。

4. 时不变系统与时变系统

按照组成系统的元件的参数是否时变，可将系统划分为时不变系统或时变系统。

如果系统内元器件的参数不随时间而变化，则称此系统为时不变系统或非时变系统，也称定长系统。如果系统内元器件的参数随时间而变化，则称此系统为时变系统或参变系统。

5. 因果系统与非因果系统

按照系统是否具有物理可实现性，可将系统分为因果系统和非因果系统。

先有起因，后有结果，在物理上可以实现的系统称为因果系统，该类系统在激励信号作用之后才会产生输出响应，激励是产生响应的原因，响应是引入激励的结果。实际的物理系统均为因果系统。

非因果系统则是先有结果，后有起因，在物理上是不可以实现的系统。非因果系统的响应出现在激励之前。

在实际的工程研究、设计与应用中，研究非因果系统的特性具有很大的意义。例如在进行实际滤波器的设计之前，应用计算机仿真技术模拟实际系统，尽量逼近理想滤波器的模型，然后再逐步考虑一些实际情况，这样既减轻了工作量，又能缩短研发周期。另外，非因果系统的研究价值还体现在预测方面，非因果特性在某种意义上说有一定的因果性，能起到重大的判断和决策作用。

1.2.3 系统模拟与相似系统

在现代工程技术的各个领域广泛使用系统模拟的方法进行性能分析，以指导工程设计。所谓系统模拟，就是对被模拟系统(它可能是已有的，也可能是正在设计中的)的性能在实验室条件下用模拟装置设备仿真。也就是说，通过对实验装置的实验观察和研究，用以获得被模拟系统的性能如何随系统诸参数以及输入信号的改变而变化的规律，从而指导确定被模拟系统正常运行时诸控制因素的合理动态范围。从研究(实验研究或计算研究)模拟系统的性能中观察、归纳总结出某些规律或结论，应用于被模拟系统，以便确定它的最佳工作状态和最优的控制参数，这就是系统模拟的意义所在。

1. 系统的数学模型

当系统的激励是连续信号时，若其响应也是连续信号，则称其为连续系统。当系统的激励是离散信号时，若其响应也是离散信号，则称其为离散系统。连续系统与离散系统常组合使用，称为混合系统。

描述连续系统的数学模型是微分方程，而描述离散系统的数学模型是差分方程。

如果系统的输入、输出信号都只有一个，则称为单输入单输出系统，如果系统的输入、输出信号有多个，则称为多输入多输出系统。

图 1 - 11 所示是 RLC 串联电路。

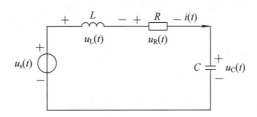

图 1 - 11　电路系统

如将电压源 $u_s(t)$ 看做是激励，选电容两端电压 $u_C(t)$ 为响应，则由基尔霍夫电压定律(KVL)有

$$u_L(t) + u_R(t) + u_C(t) = u_s(t)$$

根据各元件端电压与电流的关系

$$i(t) = Cu'_C(t)$$
$$u_R(t) = Ri(t) = RCu'_C(t)$$
$$u_L(t) = Li'(t) = LCu''_C(t)$$

可整理得二阶微分方程为

$$u''_C(t) + \frac{R}{L}u'_C(t) + \frac{1}{LC}u_C(t) = \frac{1}{LC}u_s(t)$$

上例描述系统的数学模型是微分方程，因此在系统分析中，常抽去具体系统的物理含义，而作为一般意义下的系统来研究，以便于揭示系统共有的一般特性。

2. 系统的框图表示

连续或离散系统除用数学方程描述外，还可用框图表示系统的激励与响应之间的数学运算关系。一个方框(或其他形状)可以表示一个具有某种功能的部件，也可以表示一个子系统。各个方框内部的具体结构并非考察重点，而只注重其输入、输出之间的关系。因而在用框图描述的系统中，各单元在系统中的作用和地位可以一目了然。

表示系统功能的常用基本单元有积分器(用于连续系统)或延迟单元(用于离散系统)以

及加法器或数乘器(标量乘法器)，对于连续系统，有时还需要用延迟时间为 T 的延迟器。它们的表示符号如图 1－12 所示。

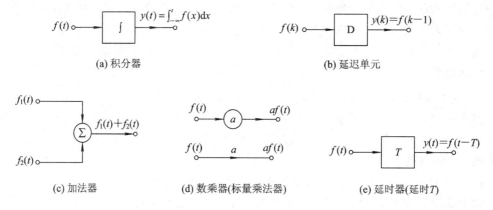

(a) 积分器　　　　　　　　　　　　　　(b) 延迟单元

(c) 加法器　　　　(d) 数乘器(标量乘法器)　　　(e) 延时器(延时T)

图 1－12　框图的基本单元

【例 1－6】　某连续系统的框图如图 1－13 所示，写出该系统的微分方程。

解　系统框图中有两个积分器，所以描述该系统的是二阶微分方程。由于积分器的输出是其输入信号的积分，因而积分器的输入信号是其输出信号的一阶导数。

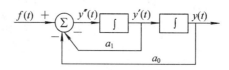

图 1－13　连续系统的框图

由加法器的输出，得

$$y''(t) = -a_1 y'(t) - a_0 y(t) + f(t)$$

将上式移项得

$$y''(t) + a_1 y'(t) + a_0 y(t) = f(t)$$

上式就是描述图 1－13 系统的微分方程。

习　题　1

一、填空题

1. 信号若表现为电压、电流、电荷、磁链，则称为＿＿＿＿。

2. 以频率特征量作为自变量来描述信号是＿＿＿＿。

3. 已知原信号为 $f(t)$，其反折运算后得到 $y(t)$，则表达式为＿＿＿＿。

4. $f(t+b)$ 信号是将 $f(t)$ 平移＿＿＿＿单位后的信号，若 $b<0$，则向＿＿＿＿平移$|b|$个单位。若 $b>0$，则向＿＿＿＿平移 b 个单位。

5. 在尺度变换中，若 $a>1$，则是将 $f(t)$ 的图像压缩为原来的 $1/a$，即得到＿＿＿＿的图像。

6. 信号的反折就是把原信号沿纵轴翻转＿＿＿＿。

7. 如果信号可以表示为一个或几个自变量的确定函数，则称此信号为＿＿＿＿。

8. 如果一个信号每隔固定的时间 T 精确地再现该信号的本身，则称为_____。

二、计算分析题

1. 信号的描述方式有哪几种？

2. 信号的基本分类有哪些？

3. "系统分析"与"电路分析"的不同点表现在哪些方面？

4. 已知信号 $f(t)$ 的波形如图 1 - 14 所示。画出信号 $f(-2t+4)$ 的波形。

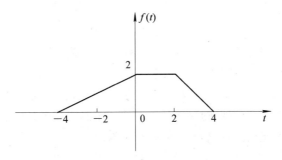

图 1 - 14　计算分析题题 4 图

5. 已知信号 $f(t)$ 如图 1 - 15 所示，试画出下列信号的波形。

(1) $2f(t-2)$；

(2) $f(2t)$；

(3) $f\left(\dfrac{t}{2}\right)$；

(4) $f(-t+1)$。

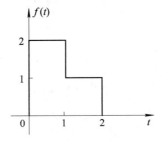

图 1 - 15　计算分析题题 5 图

第 2 章　连续时间系统的时域分析

本章将从时域的角度，对信号的基本特性和系统的基本特性进行讨论，并介绍在基本信号作用下，对系统进行分析的基本方法。

本章首先讨论连续时间系统的时域分析方法——微分方程法。时域分析方法的特点是由输入激励信号和表征系统特性的时域数学模型，不经变换，直接用经典方法求出系统的输出响应。还介绍了系统的零状态响应和零输入响应，给出了奇异信号的时域描述，并重点讲述了单位阶跃信号和单位冲激信号及其性质。最后引出了阶跃响应和冲激响应，可为今后系统分析、模拟与设计打下良好的理论基础。

2.1　线性连续系统的描述及其响应

系统分析讨论的主要问题是在给定的输入激励作用下，系统将产生什么样的输出响应。为了确定一个线性非时变连续系统给定激励的响应，首先应该建立描述该系统的微分过程，然后再求其满足初始条件的解。

2.1.1　线性连续系统的描述

描述线性时不变连续系统的数学模型是线性常系统微分方程。对于电系统，列写数学模型的基本依据有如下两方面。

1. 元件约束 VAR

电流、电压需取关联参考方向即满足：

（1）电阻 R，$U_R(t) = R i_R(t)$；

（2）电感 L，$U_L(t) = L \dfrac{\mathrm{d} i_L(t)}{\mathrm{d}t}$，$i_L(t) = i_L(t_0) + \dfrac{1}{L} \displaystyle\int_{t_0}^{t} u_L(\tau) \mathrm{d}\tau$；

（3）电容 C，$i_C(t) = C \dfrac{\mathrm{d} u_C(t)}{\mathrm{d}t}$，$u_C(t) = u_C(t_0) + \dfrac{1}{C} \displaystyle\int_{t_0}^{t} i_C(\tau) \mathrm{d}\tau$；

（4）互感（同名端、异名端连接）、理想变压器等原边、副边电压、电流关系等。

2. 结构约束 KCL 与 KVL

这里通过举例来说明结构约束 KCL 与 KVL。

【例 2 - 1】　如图 2 - 1 所示电路，试分别列出电流 $i_1(t)$、电流 $i_2(t)$ 和电压 $u_o(t)$ 的数学模型。

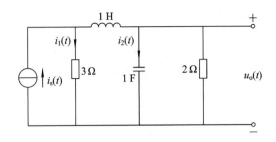

图 2 - 1　例 2 - 1 图

解　KCL：$i_1(t) + i_2(t) + \dfrac{1}{2}\displaystyle\int_{-\infty}^{t} i_2(\tau)\mathrm{d}\tau = i_s(t)$

　　　KVL：$3i_1(t) = \dfrac{\mathrm{d}}{\mathrm{d}t} i_2(t) + \dfrac{1}{2}\displaystyle\int_{-\infty}^{t} i_2(\tau)\mathrm{d}\tau + u_o(t)$

　　　VAR：$u_o(t) = \displaystyle\int_{-\infty}^{t} i_2(\tau)\mathrm{d}\tau$

解此联立方程，最后求得

$$\frac{\mathrm{d}^2 i_1(t)}{\mathrm{d}t^2} + \frac{7}{2}\frac{\mathrm{d}i_1(t)}{\mathrm{d}t} + \frac{5}{2}i_1(t) = \frac{\mathrm{d}^2 i_s(t)}{\mathrm{d}t^2} + \frac{1}{2}\frac{\mathrm{d}^2 i_s(t)}{\mathrm{d}t^2} + \frac{1}{2}\frac{\mathrm{d}i_s(t)}{\mathrm{d}t} + i_s(t)$$

$$\frac{\mathrm{d}^2 i_2(t)}{\mathrm{d}t^2} + \frac{7}{2}\frac{\mathrm{d}i_2(t)}{\mathrm{d}t} + \frac{5}{2}i_2(t) = 3\frac{\mathrm{d}i_s(t)}{\mathrm{d}t}$$

$$\frac{\mathrm{d}^2 u_o(t)}{\mathrm{d}t^2} + \frac{7}{2}\frac{\mathrm{d}u_o}{\mathrm{d}t} + \frac{5}{2}u_o(t) = 3i_s(t)$$

通过例 2 - 1 可得到以下两点结论：

（1）解得的数学模型，即求得微分方程的阶数与动态电路的阶数（独立动态元件的个数）是一致的。

（2）输出响应无论是 $i_L(t)$、$u_1(t)$ 或是 $u_C(t)$、$i_1(t)$，还是其他别的变量，它们的齐次方程都相同。

这表明，同一系统当它的元件参数确定不变时，它的自由频率是唯一的。

2.1.2　系统的响应——微分方程的经典解

将例 2 - 1 推广到一般情况，如果单输入、单输出线性非时变的激励为 $f(t)$，其全响应为 $y(t)$，则描述线性非时变系统的激励 $f(t)$ 与响应 $y(t)$ 之间关系的是 n 阶常系数线性微分方程，它可写为

$$a_n y^{(n)}(t) + a_{n-1} y^{(n-1)}(t) + \cdots + a_1 y_1(t) + a_0 y(t)$$
$$= b_m f^{(m)}(t) + b_{m-1} f^{(m-1)}(t) + \cdots + b_1 f^{(1)}(t) + b_0 f(t)$$

式中，a_n、a_{n-1}、$\cdots$、a_1、a_0 和 b_m、b_{m-1}、b_0、$\cdots$ 均为常数。该方程的全解由齐次解和特解组成。

齐次方程的解即齐次解，用 $y_h(t)$ 表示；非齐次方程的特解用 $y_p(t)$ 表示，即有

$$y(t) = y_h(t) + y_p(t) \tag{2-1}$$

1. 齐次解

齐次解满足齐次微分方程：

$$a_n y^{(n)}(t) + a_{n-1} y^{n-1}(t) + \cdots + a_1 y^{(1)}(t) + a_0 y(t) = 0$$

由高等数学经典理论知，该齐次微分方程的特征方程为

$$a_n\lambda^n + a_{n-1}\lambda^{n-1} + \cdots + a_1\lambda + a_0 = 0 \tag{2-2}$$

特征方程的 n 个根 λ_1、λ_2、$\cdots$、λ_n 称为微分方程的特征根。在系统分析中常称之为自然频率或固有频率。根据特征根的特点，微分方程的齐次解有下面几种形式：

（1）特征根均为单根。如果几个特征根都互不相同（即无重根），则微分方程的齐次解为

$$y_h(t) = \sum_{i=1}^n C_i e^{\lambda_i(t)} \tag{2-3}$$

式中，$C_i(i=1,2,\cdots,n)$ 是由初始条件确定的常数。

（2）特征根有重根。若 λ_1 是特征方程的 γ 重根，即有 $\lambda_1 = \lambda_2 = \lambda_3 = \cdots = \lambda_\gamma$，而其余 $(n-\gamma)$ 个根 $\lambda_{\gamma+1}$、$\lambda_{\gamma+2}$、$\cdots$、λ_n 都是单根，则微分方程的齐次解为

$$y_h(t) = \sum_{i=1}^\gamma C_i t^{\gamma-i} e^{\lambda_1 t} + \sum_{j=\gamma+1}^n C_j e^{\lambda_j t} \tag{2-4}$$

式中，$C_i(i=1,2,\cdots,\gamma)$ 和 $C_j(i=\gamma+1,\gamma+2,\cdots,n)$ 均由初始条件确定。

（3）特征根有一对单复根，即 $\lambda_{1,2}=a\pm jb$，则微分方程的齐次解

$$y_h(t) = C_1 e^{at}\cos bt + C_2 e^{at}\sin bt \tag{2-5}$$

式中 C_1 与 C_2 由初始条件确定。

（4）特征根有一对 m 重复根，即共有 m 重 $\lambda_{1,2}=a\pm jb$ 的复根，则微分方程的齐次解为

$$y_h(t) = C_1 e^{at}\cos bt + C_2 t e^{at}\cos bt + \cdots + C_m t^{m-1}e^{at}\cos bt$$
$$+ d_1 e^{at}\sin bt + d_2 t e^{at}\sin bt + \cdots + d_m t^{m-1}e^{at}\sin bt \tag{2-6}$$

【例 2-2】 求微分方程 $y''(t)+3y'(t)+2y(t)=f(t)$ 的齐次解。

解 由特征方程 $\lambda^2+3\lambda+2=0$ 解得特征根 $\lambda_1=-1$，$\lambda_1=-2$。因此该方程的齐次解为

$$y_h(t) = C_1 e^{-t} + C_2 e^{-2t}$$

【例 2-3】 求微分方程 $y''(t)+2y'(t)+y(t)=f(t)$ 的齐次解。

解 由特征方程 $\lambda^2+2\lambda+1=0$ 解得二重根 $\lambda_1=\lambda_2=-1$，因此该方程的齐次解

$$y_h(t) = C_1 t e^{-t} + C_2 e^{-t}$$

2. 特解

特解的函数形式与激励函数的形式有关。表 2-1 列出了几种类型的激励函数 $f(t)$ 及其所对应的特解 $y_p(t)$。选定特解后将它代入原微分方程，求出其特定系数 P_i，就可求出特解。

表 2-1 激励函数及所对应的特解

激励 $f(t)$	特解 $y_p(t)$
t^m	$P_m t^m + P_{m-1}t^{m-1} + \cdots + P_1 t + P_0$ 所有特征根均不为零
$\cos\beta t$	$P_1\cos\beta t + P_2\sin\beta t$
$\sin\beta t$	$P_1\cos\beta t + P_2\sin\beta t$
e^{at}	$P_1 e^{at}$ 当 α 不是特征根时 $P_1 t e^{at} + P_0 e^{at}$ 当 α 是特征单根时 $P_\gamma t^\gamma e^{at} + P_{\gamma-1}t^{\gamma-1}e^{at} + \cdots + P_1 t e^{at} + P_0 e^{at}$ 当 α 是 γ 重特征根时

3. 完全解

根据式(2－1)，完全解是齐次解与特解之和，如果微分方程的特征根全为单根，则微分方程的全解为

$$y(t) = \sum_{i=1}^{n} C_i e^{\lambda_i(t)} + y_p(t) \qquad (2-7)$$

当特征根中 λ_1 为 γ 重根，而其余 $(n-\gamma)$ 个根均为单根时，方程的全解为

$$y(t) = \sum_{i=1}^{n} C_i t^{\gamma-i} + \sum_{j=\gamma+1}^{n} C_j e^{\lambda_j t} + y_p(t) \qquad (2-8)$$

式中，系数 C_i、C_j 由初始条件确定。

设激励信号 $f(t)$ 是在 $t=0$ 时接入的，微分方程解适合于区间 $0<t<\infty$。对于 n 阶线性微分方程，用给定的 n 个初始条件 $y(0)$、$y'(0)$、$y''(0)$、$\cdots$、$y^{(n-1)}(0)$ 就可以确定全部的待定系数 C_i、C_j。这里只讨论特征根都是单根的情形，特征方程有重根的情形也类似。

如果微分方程的特征根都是单根，则方程的完全解为式(2－7)，将给定的初始条件分别代入到式(2－7)及其各阶导数，即可得方程组：

$$y(0) = C_1 + C_2 + \cdots + C_n + y_p(0)$$
$$y'(0) = \lambda_1 C_1 + \gamma_2 C_2 + \cdots + \lambda_n C_n + y_p'(0)$$
$$\vdots$$
$$y^{(n-1)}(0) = \lambda_1^{n-1} C_1 + \lambda_2^{n-1} C_2 + \cdots + \lambda_n^{n-1} C_n + y_p^{(n-1)}(0)$$

由以上方程组可以解得待定系数系统 $C_i (i=1,2,\cdots,n)$。下面举例说明。

【例 2－4】 描述某线性非时变连续系统的微分方程为 $y''(t)+3y'(t)+2y(t)=f(t)$，已知系统的初始条件是 $y(0)=y'(0)=0$，输入激励 $f(t)=e^{-t}u(t)$，试求全响应 $y(t)$。

解 在例 2－2 中求得该方程的齐次解，即 $y_h(t)=C_1 e^{-t}+C_2 e^{-2t}$，下面来求其特解。

因 $f(t)=e^{-t}$，$\alpha=-1$ 与一个特征根 $\lambda_1=-1$ 相同，所以该方程的特解为

$$y_p(t) = P_1 t e^{-t} + P_0 e^{-t}$$

将特解 $y_p(t)$ 代入微分方程，有

$$(P_1 t e^{-t} + P_0 e^{-t})'' + 3(P_1 t e^{-t} + P_0 e^{-t})' + 2(P_1 t e^{-t} + P_0 e^{-t}) = e^{-t}$$

由待定系数法求得 $P_0=0$、$P_1=1$，所以特解为

$$y_p(t) = t e^{-t}$$

因此完全解是

$$y(t) = C_1 e^{-t} + C_2 e^{-2t} + t e^{-t}$$

由初始条件 $y(0)=y'(0)=0$，有

$$y(0) = C_1 + C_2 = 0$$
$$y'(0) = -C_1 - 2C_2 + 1 = 0$$

解得 $C_1=-1$、$C_2=1$，所以，全响应为

$$y(t) = (-e^{-t} + e^{-2t} + t e^{-t}) u(t)$$

由以上例子可以看出微分方程解的物理意义是：当微分方程用以描述系统的输入、输出关系时，微分方程的解是系统的响应，它将输入与输出的关系表示为显函数关系。齐次解是系统的自由响应，它的模式依赖于系统的特性，它的指数幅度取决于给定的附加初始

条件，并与输入有关；特解是系统的强迫响应，它取决于系统特性及输入函数。

2.1.3 零输入响应和零状态响应

线性非时变系统的完全响应也可分解为零输入响应和零状态响应。零输入响应用 $y_{zi}(t)$ 表示，它仅仅是由系统的初始储能产生的响应；零状态响应用 $y_{zs}(t)$ 表示，它仅仅是由系统的外加激励产生的响应。这样，线性非时变系统的全响应将是零输入响应和零状态响应之和，即

$$y(t) = y_{zi}(t) + y_{zs}(t)$$

1. 零输入响应

所谓零输入响应，是指系统无外加激励，即激励信号 $f(t)=0$ 时，仅由系统初始储能产生的响应，系统方程为

$$a_n y^{(n)}(t) + a_{n-1} y^{(n-1)}(t) + \cdots + a_1 y^{(1)}(t) + a_0 y(t) = 0 \qquad (2-9)$$

式(2-9)为齐次微分方程，其特征方程为

$$a_n \lambda^n + a_{n-1} \lambda^{n-1} + \cdots + a_1 \lambda + a_0 = 0 \qquad (2-10)$$

对其进行因式分解得

$$(\lambda - p_1)(\lambda - p_2) \cdots (\lambda - p_n) = 0$$

其中，p_1、p_2、$\cdots$、p_n 为方程的 n 个特征根。根据特征根的不同情况，零输入响应将具有不同的形式。

(1) 当特征根均为单根时，零输入响应的一般形式为

$$y_{zi}(t) = \sum_{i=1}^{N} A_i \mathrm{e}^{p_i t}$$

其中，p_i 为各个单根；A_i 为单根对应指数项的待定系数。

(2) 当特征根中含有 k 重根，其他为单根时，零输入响应的一般形式为

$$y_{zi}(t) = \mathrm{e}^{p_1 t} \sum_{i=1}^{k} A_i t^{(i-1)} + \sum_{j=k+1}^{N} A_j \mathrm{e}^{p_j t}$$

其中，p_1 为 k 重根，A_i 为重根对应各项的待定系数；p_j 为各个单根，A_j 为单根对应指数项的待定系数。

为方便研究，可约定：在研究 $t=0$ 以后的响应时，把 $t=0_-$ 时的值称为初始状态，而把 $t=0_+$ 时的值以及它们的各阶导数称为初始值。

由此可见，零输入响应是齐次方程的解。零输入响应的形式只与系统的结构和参数有关，即与系统数学模型的系数有关。而待定系数的大小要由系统在 0_+ 时刻的初始值 $y_{zi}(0_+)$ 和 $y_{zi}^{(k)}(0_+)$ 来确定。

在零输入条件下，若系统的内部结构和参数不发生变化，则有 $y(0_+) = y_{zi}(0_+) = y(0_-)$，$y^{(k)}(0_+) = y_{zi}^{(k)}(0_+) = y^{(k)}(0_-)$。需要注意的是，零输入响应虽然是齐次方程的解，但不是系统的齐次解。

【例 2-5】 已知某系统的数学模型为 $y'(t)+3y(t)=x(t)$，激励 $f(t)=\mathrm{e}^{-4t}u(t)$，系统的初始状态 $y(0_-)=5$，求系统的零输入响应 $y_{zi}(t)$。

解 系统的零输入响应满足方程

$$y_{zi}'(t) + 3y_{zi}(t) = 0$$

由特征方程 $\lambda+3=0$ 得特征根 $\lambda=-3$，则零输入响应的形式为

$$y_{zi}(t) = Ae^{-3t} \qquad t \geqslant 0$$

由系统的初始值特定系数，得 $y_{zi}(0_+) = y(0_-) = A = 5$，所以零输入响应为

$$y_{zi}(t) = 5e^{-3t} \qquad t \geqslant 0$$

2. 零状态响应

所谓零状态响应，是指系统没有初始储能，系统的初始状态为零，即 $y_{zi}(0_-) = y^{(1)}(0_-) = \cdots = y^{(n-1)}(0_-) = 0$，这时仅由系统的外加激励所产生的响应称为零状态响应。

由于零状态响应 $y_{zs}(t)$ 与激励 $f(t)$ 有关，因此，获得零状态响应 $y_{zs}(t)$ 需要求解非齐次微分方程

$$a_n y_{zs}^{(n)}(t) + a_{n-1} y_{zs}^{(n-1)}(t) + \cdots + a_1 y_{zs}^{(1)}(t) + a_0 y_{zs}(t)$$
$$= b_m x^{(m)}(t) + b_{m-1} x^{(m-1)}(t) + \cdots + b_1 x^{(1)}(t) + b_0 x(t) \qquad (2-11)$$

零状态响应的求解采用经典法，这实际上是一种纯数学方法，即将 $y_{zs}(t)$ 分解为零状态条件下的齐次解 $y_h(t)$ 和特解 $y_p(t)$

$$y_{zs}(t) = y_h(t) + y_p(t) \qquad (2-12)$$

其中，$y_h(t)$ 满足式(2-9)表示的齐次微分方程，也就是说，齐次解 $y_h(t)$ 的求解方法与零输入响应 $y_{zi}(t)$ 的求解方法相同，只是待定系数确定的方法不同。齐次解 $y_h(t)$ 待定系数由系统的零状态初始值 $y_{zs}(0_+)$ 和 $y_{zs}^{(k)}(0_+)$ 来确定。而特解 $y_p(t)$ 与激励形式有关，满足式(2-11)所示的非齐次微分方程。

【例 2-6】 已知某二阶系统的数学模型为 $y^{(2)}(t) + 3y^{(1)}(t) + 2y(t) = x^{(1)}(t) - x(t)$，系统初始状态 $y(0_-) = 1$，$y^{(1)}(0_-) = 2$；初始值 $y(0_+) = 1$，$y^{(1)}(0_+) = 3$。当激励 $x(t) = u(t)$ 时，求系统的零状态响应 $y_{zs}(t)$。

解 求齐次解：由特征方程 $\lambda^2 + 3\lambda + 2 = 0$，解得特征根为 $\lambda_1 = -1$，$\lambda_2 = -2$，则

$$y_h(t) = C_1 e^{-t} + C_2 e^{-2t} \qquad t \geqslant 0$$

求特解：设 $y_p(t) = B$，为了求待定系数，将其代入原微分方程，并将激励 $x(t) = 1(t>0)$ 也代入原微分方程，得

$$\frac{d^2}{dt^2}(B) + 3\frac{d}{dt}(B) + 2B = -1$$

解得 $B = \dfrac{1}{2}$，故特解 $y_p(t) = -\dfrac{1}{2}$，则系统的零状态响应为

$$y_{zs}(t) = y_h(t) + y_p(t) = C_1 e^{-t} + C_2 e^{-2t} - \frac{1}{2} \qquad t \geqslant 0$$

由系统的零状态响应及其微分方程 $y_{zs}^{(1)}(t) = -C_1 e^{-t} - 2C_2 e^{-2t}$ 可以得到方程

$$\begin{cases} y_{zs}(0_+) = C_1 + C_2 - \dfrac{1}{2} = 0 \\ y_{zs}^{(1)}(0_+) = -C_1 - 2C_2 = 1 \end{cases}$$

解该方程，得 $C_1 = 2$，$C_2 = -\dfrac{3}{2}$，所以系统的零状态响应为

$$y_{zs}(t) = 2e^{-t} - \frac{3}{2}e^{-2t} - \frac{1}{2} \qquad t \geqslant 0$$

2.2 奇 异 信 号

函数本身存在不连续点(有跳变)或其导数和积分含有不连续点,此类信号统称为奇异信号,亦称奇异函数。

2.2.1 奇异信号的时域描述

典型的奇异信号有如下几种,其中单位阶跃信号和单位冲激信号尤为重要。

1. 单位斜变信号

斜变信号又称斜坡信号,是指信号在某时刻以后随时间呈现正比例增长。当斜变信号随时间增长的速率为 1 时,称为单位斜变信号或单位斜坡信号,用符号 $R(t)$ 表示,定义为

$$R(t) = \begin{cases} 0 & t < 0 \\ t & t \geqslant 0 \end{cases} \qquad (2-13)$$

其波形如图 2-2(a)所示。

图 2-2(b)所示为延迟的单位斜变信号,时间起始点为 $t_0(t_0 > 0)$,其定义为

$$R(t-t_0) = \begin{cases} 0 & t < t_0 \\ t-t_0 & t \geqslant 0 \end{cases} \qquad (2-14)$$

随时间增长的速率不为 1 的斜变信号称为一般的斜变信号,也可以表示成单位斜变信号的形式,如信号 $f(t) = 2R(t)$。在实际应用中,斜变信号一般有时间延迟,且当信号增长到一定数值时不再发生变化,如图 2-2(c)所示,此信号可表示为

$$f(t) = \begin{cases} \dfrac{b}{a-t_0}(t-t_0) & t_0 \leqslant t < a \\ b & b \geqslant a \end{cases} \qquad (2-15)$$

若用斜变信号表示,则有

$$f(t) = \frac{b}{a-t_0}[R(t-t_0) - R(t-t_0-a)] \qquad (2-16)$$

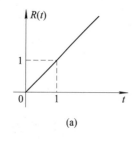 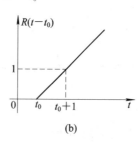 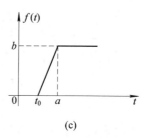

图 2-2 斜变信号

2. 单位阶跃信号

单位阶跃信号又称开关信号,如图 2-3 所示,用符号 $u(t)$ 来表示,其定义为

$$u(t) = \begin{cases} 0 & t < 0 \\ 1 & t > 0 \end{cases} \qquad (2-17)$$

式(2-17)表明,在 $t=0$ 时刻,信号无定义,其值发生了跳变,即 $u(0_-)=0$,$u(0_+)=1$。

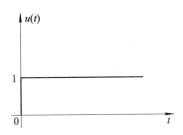

图 2-3　单位阶跃信号

单位直流电压源或电压源在 $t=0$ 时刻接入电路并且无限持续下去，此种电源激励信号可以表示为单位阶跃信号。

如果单位直流电源的接入时间为 $t=t_0$，且 $t_0>0$，可以用延迟的单位阶跃信号来表示，如图 2-4(a)所示，可表示为

$$u(t-t_0) = \begin{cases} 0 & t < t_0 \\ 1 & t > t_0 \end{cases} \tag{2-18}$$

一般直流电源接入电路时，可能存在时间延迟，而且电源的电压值或电流值不为 1，称为一般阶跃信号，如图 2-4(b)所示，可表示为

$$f(t) = Ku(t-t_0) \tag{2-19}$$

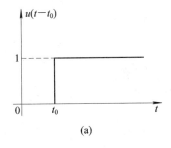
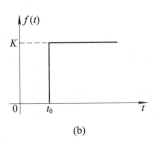

(a)　　　　　　　　　　　　　　　(b)

图 2-4　阶跃信号

单位阶跃信号 $u(t)$ 和延迟的单位阶跃信号 $u(t-t_0)$ 均可以理解为开关信号，可以借助二者确定任意信号的起始时刻。如单位斜变信号表示为 $R(t)=tu(t)$，延迟的单位斜变信号表示为 $R(t-t_0)=(t-t_0)u(t-t_0)$，单位指数信号表示为 $f(t)=Ke^{at}u(t)$，图 2-2(c)所示信号可表示为

$$f(t) = \frac{b}{a-t_0}[(t-t_0)u(t-t_0) - (t-t_0-a)u(t-t_0-a)] \tag{2-20}$$

3. 单位冲激信号

冲激信号记为 $\delta(t)$，其一般定义式为

$$\delta(t) = \begin{cases} 0 & t \neq 0 \\ \infty & t = 0 \end{cases}$$

且

$$\int_{-\infty}^{\infty} \delta(t)\mathrm{d}t = 1 \tag{2-21}$$

其波形如图 2-5 所示。

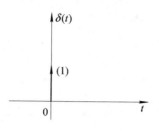

图 2-5 冲激信号

由于冲激信号在 $t \neq 0$ 时，其函数值都等于零，只有在 $t=0$ 处有趋于无穷的值，且在 $(-\infty, \infty)$ 时间域内积分值为 1，则该积分值称为冲激信号的强度。

4. 单位冲激偶信号

单位冲激信号的求导称为单位冲激偶信号，又称二次冲激信号，用符号 $\delta^{(1)}(t)$ 表示。冲激偶信号顾名思义是有两个上下对称的冲激信号，如图 2-6 所示。

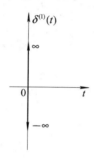

图 2-6 冲激偶函数

由上述分析可以看出，信号 $R(t)$、$u(t)$、$\delta(t)$ 和 $\delta^{(1)}(t)$ 之间具有如下关系：

(1) 微分关系：

$$\begin{cases} u(t) = \dfrac{\mathrm{d}}{\mathrm{d}t}[R(t)] \\[2mm] \delta(t) = \dfrac{\mathrm{d}}{\mathrm{d}t}[u(t)] \\[2mm] \delta^{(1)}(t) = \dfrac{\mathrm{d}}{\mathrm{d}t}[\delta(t)] \end{cases} \qquad (2-22)$$

(2) 积分关系：

$$\begin{cases} \delta(t) = \displaystyle\int_{-\infty}^{t} \delta^{(1)}(\tau)\,\mathrm{d}\tau \\[2mm] u(t) = \displaystyle\int_{-\infty}^{t} \delta(\tau)\,\mathrm{d}\tau \\[2mm] R(t) = \displaystyle\int_{-\infty}^{t} u(\tau)\,\mathrm{d}\tau \end{cases} \qquad (2-23)$$

式 (2-23) 中的积分下限可以取 0_-。

如果信号 $R(t)$、$u(t)$、$\delta(t)$ 和 $\delta^{(1)}(t)$ 存在延迟，它们之间仍然存在上述关系。

5. 门函数

门函数是一矩形脉冲信号，又称矩形窗函数，用符号 $g_\tau(t)$ 来表示，如图 2-7 所示，

其脉冲宽度为 τ，脉冲幅度为 1，定义为

$$g_\tau(t) = \begin{cases} 1 & |t| < \dfrac{\tau}{2} \\ 0 & |t| = \dfrac{\tau}{2} \end{cases} \qquad (2-24)$$

式（2 - 24）还可以表示为 $g_\tau(t) = u\left(t + \dfrac{\tau}{2}\right) - u\left(t - \dfrac{\tau}{2}\right)$。

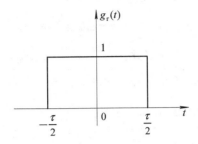

图 2 - 7　门函数

6. 符号函数

符号函数又称正负号函数，用符号 $\mathrm{sgn}(t)$ 来表示，如图 2 - 8 所示，定义为

$$\mathrm{sgn}(t) = \begin{cases} -1 & t < 0 \\ 1 & t > 0 \end{cases} \qquad (2-25)$$

式（2 - 25）还可以表示为 $\mathrm{sgn}(t) = 2u(t) - 1$。

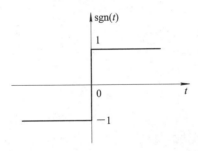

图 2 - 8　符号函数

2.2.2　冲激信号的特点及物理意义

冲激信号的概念来源于某些物理现象，如自然界中的雷电、电力系统中开关启闭产生的瞬间电火花、通信系统中的抽样脉冲等。

图 2 - 9 所示为一无初始储能的充电电路，直流电压源的电压为 E，当电容容量 C 不变，电阻 R 减少时，充电速率提高；当 $R \to 0$ 时，开关闭合，电容两端电压由原来的 0 值突变到电源电压值 E，此时电流值为无限大，如何来表示这一无限大的电流呢？

在图 2 - 9 所示的电路中，当 $R = 0$、$C = 1\ \mathrm{F}$、$E = 1\ \mathrm{V}$ 时，开关闭合的一瞬间电流幅度达到无穷大，引用冲激信号来表示，其强度即电容电压为 1 V。当信号的幅度无限大，强度为单位数值 1 时，称此信号为单位冲激信号，用符号 $\delta(t)$ 表示，单位冲激信号 $\delta(t)$ 的定义方式有多种，这里采用矩形脉冲的极限来定义。

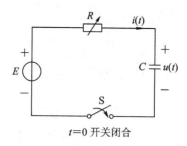

图 2 - 9 无初始储能的充电电路

如图 2 - 10(a)所示的矩形脉冲信号 $p_\tau(t)$，其脉冲宽度为 τ，脉冲幅度为 $\dfrac{1}{\tau}$，则矩形脉冲的面积为 1。保持面积不变，当 τ 减少时，脉冲幅度必然增加，如图 2 - 10(b)所示；当 $\tau \to 0$，$\dfrac{1}{\tau} \to \infty$ 时，矩形脉冲信号演变为单位冲激信号 $\delta(t) = \lim\limits_{\tau \to 0} p_\tau(t)$，其定义为

$$\begin{cases} \delta(t) = 0 & t \neq 0 \\ \displaystyle\int_{-\infty}^{\infty} \delta(t)\,\mathrm{d}t = 1 & t = 0 \end{cases} \tag{2 - 26}$$

单位冲激信号 $\delta(t)$ 的波形如图 2 - 10(c)所示，其幅度为 ∞，强度为 1。

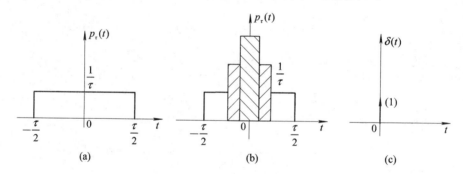

图 2 - 10 单位冲激信号的定义过程

$\delta(t)$ 的定义是基于广义函数的概念，它不符合普通函数的定义，函数与自变量之间没有明确的关系。

当单位冲激信号出现在 $t = t_0$ 时，称其为延迟的单位冲激信号，表示为 $\delta(t - t_0)$，如图 2 - 11(a)所示，定义为

$$\begin{cases} f_1(t - t_0) = 0 & t \neq t_0 \\ \displaystyle\int_{-\infty}^{\infty} \delta(t - t_0)\,\mathrm{d}t = 1 & t = t_0 \end{cases} \tag{2 - 27}$$

当冲激信号的幅度无限大，强度为 A 时，如图 2 - 11(b)所示，可以称其为一般冲激信号，即 $f(t) = A\delta(t)$，定义为

$$\begin{cases} f_1(t) = 0 & t \neq t_0 \\ \displaystyle\int_{-\infty}^{\infty} f_1(t)\,\mathrm{d}t = A & t = t_0 \end{cases}$$

图 2 - 11(c)所示为延迟的冲激信号，$f_2(t) = A\delta(t - t_0)$。

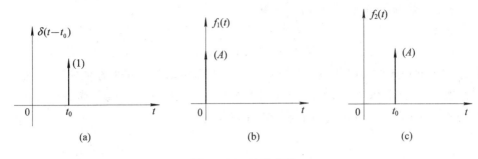

图 2 - 11　冲激信号

下面研究冲激信号 $\delta(t)$ 的两个重要性质。

1. $\delta(t)$ 的奇偶性

因为

$$\delta(t) = \frac{\mathrm{d}\varepsilon(t)}{\mathrm{d}t}$$

对上式以 $-t$ 换 t，有

$$\delta(-t) = \frac{\mathrm{d}\varepsilon(-t)}{-\mathrm{d}t} = \delta(t)$$

所以 $\delta(t)$ 是偶函数。

2. $\delta(t)$ 具有采样(筛选)性

若函数 $f(t)$ 在 $t=0$ 连续，由于 $\delta(t)$ 只在 $t=0$ 存在，故有

$$f(t)\delta(t) = f(0)\delta(t) \tag{2-28}$$

若 $f(t)$ 在 $t=t_0$ 连续，则有

$$f(t)\delta(t-t_0) = f(t_0)\delta(t-t_0) \tag{2-29}$$

以上说明，δ 函数可以把信号 $f(t)$ 在某时刻的值采样(筛选)出来。

利用上述 $\delta(t)$ 的采样性，可以得到两个重要的积分结果

$$\begin{cases} \int_{-\infty}^{\infty} f(t)\delta(t)\mathrm{d}t = f(0) \\[2mm] \int_{-\infty}^{\infty} f(t)\delta(t-t_0)\mathrm{d}t = f(t_0) \end{cases} \tag{2-30}$$

即表明，一个连续时间信号 $f(t)$ 与冲激信号 $\delta(t-t_0)$ 相乘，并在 $(-\infty, \infty)$ 时间域上积分，其结果为信号 $f(t)$ 在 $t=t_0$ 处的函数值 $f(t_0)$。

2.3　冲激响应与阶跃响应

2.3.1　冲激响应

一线性非时变系统，当其初始状态为零，输入为单位冲激信号 $\delta(t)$ 时所引起的响应为单位冲激响应，简称冲激响应，记为 $h(t)$。亦即冲激响应是激励为单位冲激信号 $\delta(t)$ 时，系统的零状态响应。

【例 2 - 7】　已知某线性非时变系统的动态方程式为 $y'(t)+6y(t)=3f'(t)+2f(t)$，

$(t \geqslant 0)$，试求系统的冲激响应 $h(t)$。

解 由原方程可得

$$h'(t) + 6h(t) = 3\delta'(t) + 2\delta(t) \qquad (t \geqslant 0)$$

由于动态方程式右侧存在冲激信号 $\delta'(t)$，为了保持动态方程式的左右平衡，等式左侧 $h(t)$ 最高次 $h'(t)$ 也必须含有 $\delta'(t)$。这样冲激响应 $h(t)$ 必含有 $\delta(t)$ 项。考虑到动态方程式的特征方程为 $\lambda + 6 = 0$，特征根为 $\lambda_1 = -6$，因此设

$$h(t) = A\mathrm{e}^{-6t}u(t) + B\delta(t)$$

式中，A、B 为待定系数，将 $h(t)$ 代入原方程式有

$$[A\mathrm{e}^{-6t}u(t) + B\delta(t)]' + 6[A\mathrm{e}^{-6t}u(t) + B\delta(t)] = 3\delta'(t) + 2\delta(t)$$

即

$$\begin{cases} A + 6B = 2 \\ B = 3 \end{cases}$$

解得

$$\begin{cases} A = -16 \\ B = 3 \end{cases}$$

因此，系统的冲激响应为

$$h(t) = 3\delta(t) - 16\mathrm{e}^{-6t}u(t)$$

从例 2 - 7 中可以看出，求解系统的冲激响应分为两步：第一步是利用动态方程两边冲激信号及其高阶导数相同，从而确定等效初始条件；第二步是利用系统的特征根设定 $h(t)$ 的形式，再根据已求得的等效初始条件确定待定系数。

2.3.2 阶跃响应

系统的阶跃响应属于零状态响应，它的定义如下：LTI 系统在零状态条件下，由单位阶跃信号引起的响应称为单位阶跃响应，简称阶跃响应，记为 $g(t)$。

系统阶跃响应的求法与冲激响应的求法类似。所不同的是，由于输入的阶跃函数在 $t > 0$ 时不为零，因此系统的阶跃响应包括齐次解和特解两部分。

【例 2 - 8】 若描述系统的微分方程为

$$y''(t) + 3y'(t) + 2y(t) = \frac{1}{2}f'(t) + 2f(t)$$

试求系统的阶跃响应。

解 系统的特征根为 $\lambda_1 = -1$、$\lambda_2 = -2$，其阶跃响应为

$$g(t) = (C_1\mathrm{e}^{-t} + C_2\mathrm{e}^{-2t} + 1)u(t)$$

它的一阶、二阶导数（考虑到冲激函数的抽样性质）分别为

$$g'(t) = (C_1 + C_2 + 1)\delta(t) + (-C_1\mathrm{e}^{-t} - 2C_2\mathrm{e}^{-2t})u(t)$$

$$g''(t) = (C_1 + C_2 + 1)\delta'(t) + (-C_1 - 2C_2)\delta(t) + (C_1\mathrm{e}^{-t} + 4C_2\mathrm{e}^{-2t})u(t)$$

将 $f(t) = u(t)$、$y(t) = g(t)$ 及其导数 $g'(t)$ 和 $g''(t)$ 代入系统的微分方程，稍加整理得

$$(C_1 + C_2 + 1)\delta'(t) + (2C_1 + C_2 + 3)\delta(t) + 2u(t) = \frac{1}{2}\delta(t) + 2u(t)$$

由系统对应相等有：

$$\begin{cases} C_1 + C_2 + 1 = 0 \\ 2C_1 + C_2 + 3 = \dfrac{1}{2} \end{cases}$$

解得

$$\begin{cases} C_1 = -\dfrac{3}{2} \\ C_2 = \dfrac{1}{2} \end{cases}$$

所以系统的阶跃响应为

$$g(t) = \left(-\frac{3}{2}e^{-t} + \frac{1}{2}e^{-2t} + 1 \right) u(t)$$

下面讨论阶跃响应与冲激响应的关系，因为 $\varepsilon(t)$ 和 $\delta(t)$ 的关系为

$$\delta(t) = \varepsilon'(t)$$

$$\varepsilon(t) = \int_{-\infty}^{\infty} \delta(\tau)\mathrm{d}\tau$$

由微积分特性必然有

$$h(t) = g'(t) \tag{2-31}$$

相应地有

$$g(t) = \int_{-\infty}^{\infty} h(\tau)\mathrm{d}\tau \tag{2-32}$$

习　题　2

一、填空题

1. 系统无外加激励，即激励信号 $f(t)=0$，这时仅由系统初始储能产生的响应称为____
_____。

2. LTI 系统在零状态条件下，由单位阶跃信号引起的响应称为_____。

3. 阶跃信号用符号表示为_____。

4. 冲激信号用符号表示为_____。

5. $\delta(t)f(t) = $_____。

6. $f(t)\delta(t-t_0) = $_____。

二、选择题

1. 线性非时变系统的完全响应也可分解为（　　）。

　　（A）零输入响应　　　　　　　　（B）零状态响应

　　（C）阶跃响应　　　　　　　　　（D）冲激响应

2. （　　）仅仅是由系统的初始储能产生的响应。

　　（A）零输入响应　　　　　　　　（B）零状态响应

　　（C）阶跃响应　　　　　　　　　（D）冲激响应

3. 系统的阶跃响应属于（　　）。

　　（A）冲激响应　　　　　　　　　（B）零状态响应

(C) 阶跃响应 　　　　　　　(D) 零输入响应

4. 系统的冲激响应属于( )。

(A) 阶跃响应 　　　　　　　(B) 零状态响应

(C) 冲激响应 　　　　　　　(D) 零输入响应

5. 符号函数用符号( )来表示。

(A) $\delta(t)$ 　　　　　　　(B) $\varepsilon(t)$

(C) $\mathrm{sgn}(t)$ 　　　　　　　(D) $R(t)$

三、计算分析题

1. 若输入激励 $f(t)=\mathrm{e}^{-t}$，试求微分方程 $y''(t)+3y'(t)+2y(t)=f(t)$ 的特解。

2. 计算下列各式的值：

(1) $\displaystyle\int_{-\infty}^{\infty} \sin t\, \delta\left(t-\frac{\pi}{4}\right)\mathrm{d}t$；

(2) $\displaystyle\int_{-\infty}^{\infty} \mathrm{e}^{-t}\, \delta(2-2t)\mathrm{d}t$；

(3) $(t^3+2t^2+3)\delta(t-2)$；

(4) $\mathrm{e}^{-4t}\delta(2+2t)$；

(5) $\mathrm{e}^{-2t}u(t)\delta(t+1)$。

3. 已知某线性非时变系统的动态方程式为

$$y''(t)+3y'(t)+2y(t)=2f'(t)+3f(t) \qquad t\geqslant 0$$

试求系统的冲激响应 $h(t)$。

第 3 章　连续时间系统的频域分析

本章首先介绍周期信号的傅立叶级数，周期信号的对称性与傅立叶系数的关系，傅立叶级数的指数表达形式，周期信号的单边频谱和双边频谱的分析及周期信号频谱的特点。然后介绍周期信号的功率谱和非周期信号的频谱，以及常见信号的频谱，傅立叶变换的线性性质、时移性质、频移性质、尺度变换性质、对称性质、卷积定理等常用性质。最后介绍线性系统的频域分析、线性系统的无失真传输特性及低通滤波器特性的分析。

3.1　复指数函数的正交性与傅立叶级数

3.1.1　复指数函数的正交

在通信系统中广泛应用正交信号的知识。如果定义在(t_1, t_2)区间的两个函数 $f_1(t)$ 和 $f_2(t)$，满足

$$\int_{t_1}^{t_2} f_1(t) f_2(t) \mathrm{d}t = 0 \qquad\qquad (3-1)$$

则称 $f_1(t)$ 和 $f_2(t)$ 在区间(t_1, t_2)内正交。

三角函数集$\{1, \cos\omega_1 t, \cos 2\omega_1 t, \cdots, \cos m\omega_1, \cdots, \sin\omega_1 t, \sin 2\omega_1 t, \cdots, \sin n\omega_1 t, \cdots\}$在区间$(t_0, t_0 + T)$组成正交函数集。

以正弦函数为基本信号分析工程上常用的周期和非周期信号的一些基本特性，以及信号在系统中的传输问题。由于

$$\sin\omega t = \frac{1}{2\mathrm{j}}(\mathrm{e}^{\mathrm{j}\omega t} - \mathrm{e}^{-\mathrm{j}\omega t}) \qquad\qquad (3-2)$$

$$\cos\omega t = \frac{1}{2}(\mathrm{e}^{\mathrm{j}\omega t} + \mathrm{e}^{-\mathrm{j}\omega t}) \qquad\qquad (3-3)$$

故也可把虚指数函数 $\mathrm{e}^{\mathrm{j}\omega t}$ 作为基本信号，将任意周期信号和非周期信号分解为一系列虚指数函数的离散和或连续和。利用信号的正弦分解思想，系统的响应则可表示为不同频率正弦分量产生响应的叠加。

3.1.2　傅立叶级数

1. 周期信号的三角级数表示

在电子技术、通信工程、自动控制等领域，除了正弦信号外，非正弦周期信号也经常遇到。把非正弦周期信号分解为傅立叶级数是法国科学家傅立叶所做出的巨大贡献。1807

年,傅立叶以他惊人的洞察力大胆断言:任何周期函数都可以用收敛的正弦级数表示。他的关于把信号分解为正弦分量的思想对后来的自然科学等领域产生了巨大的影响。

周期信号是定义在$(-\infty, \infty)$区间内,每隔一定时间 T 按相同规律重复变化的信号。

图 3-1 所示是实际的周期性非正弦信号,它们一般表示为

$$f(t) = f(t + kT) \qquad (k = 0, \pm 1, \pm 2, \cdots)$$

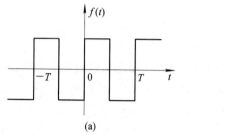 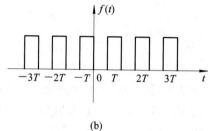

(a)　　　　　　　　　　　　(b)

图 3-1　周期性非正弦信号

当周期信号 $f(t)$ 满足狄里赫利条件:

(1) 在一周内连续或只有有限个第一类间断点。

(2) 一周内函数只有有限个极值点。

(3) 一周内函数是绝对可积的,即

$$\int_0^T | f(t) | \, \mathrm{d}t < \infty$$

则 $f(t)$ 可用傅立叶级数表示为

$$\begin{aligned}
f(t) &= a_0 + a_1 \cos\omega_1 t + a_2 \cos2\omega_1 t + a_3 \cos3\omega_1 t + \cdots \\
&\quad + b_1 \sin\omega_1 t + b_2 \sin2\omega_1 t + b_3 \sin3\omega_1 t + \cdots \\
&= a_0 + \sum_{n=1}^{\infty} (a_n \cos n\omega_1 t + b_n \sin n\omega_1 t)
\end{aligned} \qquad (3-4)$$

式中 $\omega_1 = \dfrac{2\pi}{T}$,称为 $f(t)$ 的基波频率,$n\omega_1$ 称为 n 次谐波;a_0 为 $f(t)$ 的直流分量,a_n 和 b_n 为各余弦分量和正弦分量的幅度。式(3-4)就是三角形式的傅立叶级数。

由高等数学可知,傅立叶系数为

$$a_0 = \frac{1}{T} \int_0^T f(t) \, \mathrm{d}t$$

$$a_n = \frac{2}{T} \int_0^T f(t) \cos n\omega_1 t \, \mathrm{d}t$$

$$b_n = \frac{2}{T} \int_0^T f(t) \sin n\omega_1 t \, \mathrm{d}t$$

由此可以得出,当 $f(t)$ 给定后,a_0、a_n 和 b_n 就可以确定,因而 $f(t)$ 的傅立叶级数展开式就可以写出。由于

$$a_n \cos n\omega_1 t + b_n \sin n\omega_1 t = A_n \cos(n\omega_1 t + \varphi_n)$$

式中,$A_n = \sqrt{a_n^2 + b_n^2}$,$\varphi_n = -\arctan \dfrac{b_n}{a_n}$,故傅立叶级数又可以写为

$$f(t) = a_0 + \sum_{n=1}^{\infty} A_n \cos(n\omega_1 t + \varphi_n) \qquad (3-5)$$

【例 3 - 1】 如图 3 - 2 所示的周期矩形波，求其傅立叶级数。

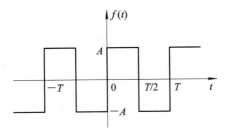

图 3 - 2 例 3 - 1 图

解 由于这里 $f(t)$ 是奇函数，故有

$$a_0 = \frac{1}{T} \int_0^T f(t) \mathrm{d}t = 0$$

$$a_n = \frac{2}{T} \int_{-T/2}^{T/2} f(t) \cos n\omega_1 t \ \mathrm{d}t = 0$$

$$b_n = \frac{2}{T} \int_{-T/2}^{T/2} f(t) \sin n\omega_1 t \ \mathrm{d}t = \frac{4}{T} \int_0^{T/2} A \cdot \sin n\omega_1 t \ \mathrm{d}t$$

$$= \frac{4A}{T} \left(\frac{-\cos n\omega_1 t}{n\omega_1} \right) \Big|_0^{T/2} = \begin{cases} \dfrac{4A}{n\pi} & (n = 1, 3, 5, \cdots) \\ 0 & (n = 2, 4, 6, \cdots) \end{cases}$$

所以，$f(t)$ 的傅立叶级数为

$$f(t) = \frac{4A}{\pi} \left(\sin\omega_1 t + \frac{1}{3} \sin 3\omega_1 t + \frac{1}{5} \sin 5\omega_1 t + \cdots \right)$$

2. 周期信号的对称性与傅立叶系数的关系

要把已知周期信号 $f(t)$ 展开为傅立叶级数，如果 $f(t)$ 为实函数，且它的波形满足某种对称性，则在其傅立叶级数中有些项将不出现，留下的各项系数表示式也变得比较简单。周期信号的对称关系主要有两种：一种是整个周期相对于纵坐标轴的对称关系，这取决于周期信号是偶函数还是奇函数，也就是展开式中是否含有正弦项或余弦项；另一种是整个周期前后的对称关系，这将决定傅立叶级数展开式中是否含有偶次项或奇次项。下面简单说明函数的对称性与傅立叶系数的关系。

（1）偶函数。若周期信号 $f(t)$ 波形相对于纵坐标轴是对称的，即满足：

$$f(t) = f(-t)$$

则 $f(t)$ 是偶函数，其傅立叶级数展开式中只含有直流分量和余弦分量，没有正弦分量，即

$$\left. \begin{array}{l} b_n = 0 \\ a_n = \dfrac{4}{T} \int_0^{T/2} f(t) \cos n\omega_1 t \ \mathrm{d}t \end{array} \right\} \quad (n = 0, 1, 2, 3, \cdots)$$

（2）奇函数。若周期信号 $f(t)$ 波形相对于纵坐标轴是反对称的，即满足

$$f(t) = -f(-t)$$

则 $f(t)$ 是奇函数，其傅立叶级数展开式中只含有正弦分量，没有余弦分量，即

$$\left. \begin{array}{l} a_n = 0 \\ b_n = \dfrac{4}{T} \int_0^{T/2} f(t) \sin n\omega_1 t \ \mathrm{d}t \end{array} \right\} \quad (n = 0, 1, 2, 3, \cdots)$$

（3）奇谐函数。若周期信号 $f(t)$ 波形沿时间轴平移半个周期后与原波形相对于时间轴镜像对称，即满足

$$f(t) = -f\left(t \pm \frac{T}{2}\right)$$

则 $f(t)$ 称为奇谐函数或半波对称函数。这类函数的傅立叶级数展开式中只含有正弦和余弦项的奇次谐波分量，不含偶次项。

（4）偶谐函数。若周期信号 $f(t)$ 波形沿时间轴平移半个周期后与原波形完全重叠，即满足

$$f(t) = f\left(t \pm \frac{T}{2}\right)$$

则 $f(t)$ 称为偶谐函数或半周期重叠函数。这类函数的傅立叶级数展开式中只含有正弦和余弦项的偶次谐波分量，不含奇次项。

熟悉并掌握了周期信号的奇、偶和奇谐、偶谐等性质后，对于一些波形所包含的谐波分量可以作出判断，并使傅立叶级数系数的计算得到简化。

3.1.3 傅立叶级数的指数形式及物理意义

三角函数形式的傅立叶级数含义比较明确，但运算很不方便，因此经常采用指数形式的傅立叶级数。将欧拉公式

$$\sin n\omega_1 t = \frac{1}{2j}(e^{j\omega t} - e^{-j\omega t})$$

$$\cos n\omega_1 t = \frac{1}{2}(e^{j\omega t} + e^{-j\omega t})$$

代入式（3 - 5），可得

$$f(t) = a_0 + \sum_{n=1}^{\infty}\left(\frac{a_n - jb_n}{2}e^{jn\omega_1 t} + \frac{a_n + jb_n}{2}e^{-jn\omega_1 t}\right) \tag{3 - 6}$$

令

$$F(jn\omega_1) = \frac{1}{2}(a_n - jb_n) \tag{3 - 7}$$

由傅立叶系数可知 a_n 是 n 的偶函数，b_n 是 n 的奇函数，则

$$F(-jn\omega_1) = \frac{1}{2}(a_n + jb_n) \tag{3 - 8}$$

将式（3 - 7）和式（3 - 8）代入式（3 - 6），得

$$f(t) = a_0 + \sum_{n=1}^{\infty}[F(jn\omega_1)e^{jn\omega_1 t} + F(-jn\omega_1)e^{-jn\omega_1 t}] \tag{3 - 9}$$

令 $F(0) = a_0$，并且

$$\sum_{n=1}^{\infty}F(-jn\omega_1)e^{-jn\omega_1 t} = \sum_{n=-1}^{-\infty}F(jn\omega_1)e^{jn\omega_1 t}$$

式（3 - 9）又可写为

$$f(t) = \sum_{-\infty}^{\infty}F(jn\omega_1)e^{jn\omega_1 t} = \sum_{-\infty}^{\infty}F_n e^{jn\omega_1 t} \tag{3 - 10}$$

式（3 - 10）称为周期信号 $f(t)$ 的指数形式傅立叶级数展开式，其中 $F(jn\omega_1)$ 为傅立叶

系数，简写为 F_n，又称为频谱函数。由于 F_n 为复数，所以式(3 - 10)又称为复系数形式傅立叶级数展开式。

傅立叶系数 F_n 为

$$F_n = \frac{1}{T} \int_0^T f(t) e^{-jn\omega_1 t} \, dt \qquad (3 - 11)$$

由以上讨论可知，同一个信号，既可以展开成三角函数形式的傅立叶级数，又可以展开成指数形式的傅立叶级数。二者形式不同，其实质完全一致。指数形式傅立叶级数中有负频率项，这只是数学运算的结果，并不表示负频率的存在。只有把负频率项与相应的正频率项成对地合并起来，才是实际的频率分量。

【例 3 - 2】　将图 3 - 3 所示的矩形脉冲信号 $f(t)$ 展开为指数形式的傅立叶级数。

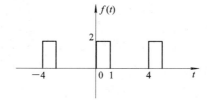

图 3 - 3　例 3 - 2 图

解　由式(3 - 11)可得

$$F_n = \frac{1}{T} \int_0^T f(t) e^{-jn\omega_1 t} \, dt = \frac{1}{4} \int_0^1 2 e^{-jn\omega_1 t} \, dt$$

$$= -\frac{2}{j4n\omega_1} (e^{-j\frac{n\pi}{2}} - 1) = \frac{1}{jn\pi} e^{-j\frac{n\pi}{4}} (e^{j\frac{n\pi}{4}} - e^{-j\frac{n\pi}{4}})$$

$$= \frac{2}{n\pi} e^{-j\frac{n\pi}{4}} \sin \frac{n\pi}{4}$$

故 $f(t)$ 展开为指数形式的傅立叶级数为

$$f(t) = \sum_{-\infty}^{\infty} \left(\frac{2}{n\pi} e^{-j\frac{n\pi}{4}} \sin \frac{n\pi}{4} \right) e^{jn\omega_1 t}$$

3.2　周期信号的频谱及特点

一个周期信号 $f(t)$ 只要满足狄里赫利条件，就可分解为一系列谐波分量之和。其各次谐波分量可以是正弦函数或余弦函数，也可以是指数函数。不同的周期信号，其展开式组成情况也不尽相同。在实际工作中，为了表征不同信号的谐波组成情况，时常画出周期信号各次谐波的分布图形，这种图形称为信号的频谱，它是信号频域表示的一种方式。

描述各次谐波振幅与频率关系的图形称为振幅频谱，描述各次谐波相位与频率关系的图形称为相位频谱。根据周期信号展开成傅立叶级数的不同形式又分为单边频谱和双边频谱。

1. 单边频谱

若周期信号 $f(t)$ 的傅立叶级数展开式为

$$f(t) = a_0 + \sum_{n=1}^{\infty} A_n \cos(n\omega_1 t + \varphi_n) \qquad (3 - 12)$$

则对应的振幅频谱 A_n 和相位频谱 φ_n 称为单边频谱。

【例 3 - 3】 求图 3 - 4 所示周期矩形信号 $f(t)$ 的单边频谱。

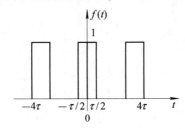

图 3 - 4　例 3 - 3 图

解 由 $f(t)$ 波形可知，$f(t)$ 为偶函数，其傅立叶系数

$$a_0 = \frac{4}{T} \int_0^{T/2} f(t)\,\mathrm{d}t = \frac{1}{2}$$

$$a_n = \frac{4}{T} \int_0^{T/2} f(t)\cos n\omega_1 t\,\mathrm{d}t = 2\,\frac{\sin(n\pi/4)}{n\pi}$$

$$b_n = 0$$

故

$$f(t) = a_0 + \sum_{n=1}^{\infty} a_n \cos n\omega_1 t = \frac{1}{2} + \sum_{n=1}^{\infty} \frac{2\,\sin(n\pi/4)}{n\pi} \cos n\omega_1 t$$

因此

$$a_0 = \frac{1}{2}$$

$$a_n = \left| \frac{2\,\sin(n\pi/4)}{n\pi} \right|$$

即

$$a_0 = 0.5 \qquad a_1 = 0.45 \qquad a_2 \approx 0.32 \qquad a_3 = 0.15$$

$$a_4 = 0 \qquad a_5 \approx 0.09 \qquad a_6 \approx 0.106$$

单边振幅频谱如图 3 - 5 所示。

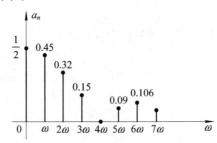

图 3 - 5　例 3 - 3 单边振幅频谱

2. 双边频谱

若周期信号 $f(t)$ 的傅立叶级数展开式为

$$f(t) = \sum_{n=-\infty}^{\infty} F_n \mathrm{e}^{\mathrm{j}n\omega_1 t}$$

则 $|F_n|$ 与 $n\omega$ 所描述的振幅频谱以及 F_n 的相位 θ_n 与 $n\omega$ 所描述的相位频谱称为双边频谱。

【例 3 - 4】 画出图 3 - 4 所示矩形周期信号 $f(t)$ 的双边频谱图形。

解　由 $F_n = \dfrac{1}{T} \displaystyle\int_{-T/2}^{T/2} f(t) \mathrm{e}^{-jn\omega_1 t}\, \mathrm{d}t = \dfrac{1}{4} \dfrac{2 \sin(n\pi/4)}{n\pi/4}$ 得：

$$F_0 = 0.25 \qquad F_{\pm 1} = 0.225 \qquad F_{\pm 2} = 0.159 \qquad F_{\pm 3} = 0.075$$

$$F_{\pm 4} = 0 \qquad F_{\pm 5} = -0.045 \qquad F_{\pm 6} = 0.053 \qquad F_{\pm 7} = -\cdots$$

所以 $f(t)$ 的双边频谱如图 3 - 6 所示。

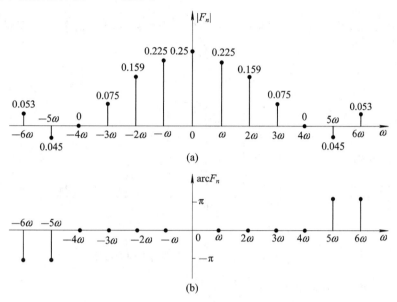

图 3 - 6　例 3 - 3 双边频谱图形

当 F_n 为实数，且 $f(t)$ 各谐波分量的相位为零或 $\pm\pi$ 时，也可将振幅频谱和相位频谱合并在一幅图中。

3. 周期信号频谱的特点

（1）离散性。谱线沿频率轴离散分布，这种谱线称为离散频谱或线谱。

（2）谐波性。各次谐波分量的频率都是基波频率 $\omega = 2\pi/T$ 的整数倍，而且相邻谱线的间隔是均匀的，即谱线在频率轴上的位置是 ω 的整数倍。

（3）收敛性。指谱线幅度随 $n \to \infty$ 而衰减到零。因此这种频谱具有收敛性或衰减性。

4. 周期信号的有效频谱宽度

在周期信号的频谱分析中，周期矩形脉冲信号的频谱具有典型的意义，得到了广泛应用。下面以图 3 - 7 所示的周期矩形脉冲信号为例，进一步研究其频谱宽度与脉冲宽度之间的关系。

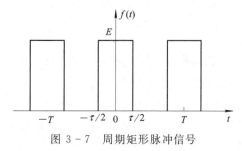

图 3 - 7　周期矩形脉冲信号

图 3 - 7 所示信号 $f(t)$ 的脉冲宽度为 τ，脉冲幅度为 E，重复周期为 T，重复角频率为 $\omega = \dfrac{2\pi}{T}$。

若将信号 $f(t)$ 展开为傅立叶级数，可得

$$F_n = \frac{1}{T} \int_{-\tau/2}^{\tau/2} E e^{-jn\omega_1 t}\, \mathrm{d}t = \frac{E\tau}{T}\, \mathrm{Sa}\left(\frac{n\omega\tau}{2}\right)$$

其中 F_n 为实数，因此一般把振幅频谱和相位频谱合画在一起，如图 3 - 8 所示。

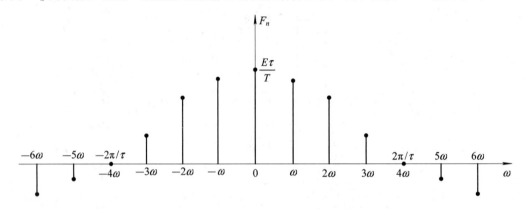

图 3 - 8　图 3 - 7 所示周期信号的频谱图

由图 3 - 8 可以看出：

（1）周期矩形脉冲信号的频谱是离散的，两谱线间隔为 $\omega = \dfrac{2\pi}{T}$。

（2）直流分量、基波及各次谐波分量的大小正比于脉冲幅度 E 和脉宽 τ，反比于周期 T，其变化受包络线 $\dfrac{\sin x}{x}$ 的牵制。

（3）当 $\omega = \dfrac{2m\pi}{\tau}$（$m = \pm 1,\ \pm 2,\ \pm 3,\ \cdots$）时，谱线的包络线过零点。因此 $\omega = \dfrac{2m\pi}{\tau}$ 称为零分量频率。

（4）周期矩形脉冲信号包含无限多条谱线，它可分解为无限多个频率分量，但其主要能量集中在第一个零分量频率之内，因此通常把 $\omega = 0 \sim \dfrac{2\pi}{\tau}$ 这段频率范围称为矩形信号的有效频谱宽度或信号的占有频带，记作

$$\left.\begin{aligned} B_\omega &= \frac{2\pi}{\tau} \\ B_f &= \frac{1}{\tau} \end{aligned}\right\}$$

显然，有效频谱带宽 B_ω 只与脉冲宽度 τ 有关，而且成反比例关系。有效频谱宽度是研究信号与系统频率特性的重要内容，要使信号通过线性系统不失真，就要求系统本身所具有的频率特性必须与信号的频宽相适应。

对于一般周期信号，同样也可以得到离散频谱，也存在零分量频率和信号的占有频带。

5. 周期信号的功率谱

周期信号 $f(t)$ 的平均功率可定义在 $1\ \Omega$ 电阻上消耗的平均功率，即

$$P = \frac{1}{T} \int_{-T/2}^{T/2} f^2(t)\,\mathrm{d}t \qquad (3-13)$$

周期信号 $f(t)$ 的平均功率可以用式(3-13)在时域进行计算，也可以在频域进行计算。若 $f(t)$ 的指数形式傅立叶级数展开式为

$$f(t) = \sum_{n=-\infty}^{\infty} F_n \mathrm{e}^{\mathrm{j}n\omega_1 t}$$

则将此式代入式(3-13)，可得

$$P = \frac{1}{T} \int_{-T/2}^{T/2} f^2(t)\,\mathrm{d}t = \sum_{n=-\infty}^{\infty} |F_n|^2 \qquad (3-14)$$

该式称为帕塞瓦尔(Parseval)定理。它表明周期信号的平均功率完全可以在频域用 F_n 加以确定。实际上它反映了周期信号在时域的平均功率等于频域中的直流功率分量和各次谐波平均功率分量之和。

3.3　非周期信号的频谱

3.3.1　非周期信号的频谱密度函数

对于周期信号，有如下关系

$$F_n = \frac{1}{T} \int_0^T f(t)\mathrm{e}^{-\mathrm{j}n\omega_1 t}\,\mathrm{d}t \qquad (3-15)$$

$$f(t) = \sum_{-\infty}^{\infty} F_n \mathrm{e}^{\mathrm{j}n\omega_1 t} \qquad (3-16)$$

F_n 是离散值 $n\omega_1$ 的函数，可以写为

$$F(\mathrm{j}n\omega_1) = F_n T = \int_{-T/2}^{T/2} f(t)\mathrm{e}^{-\mathrm{j}n\omega_1 t}\,\mathrm{d}t$$

当 $T\to\infty$ 时，谱线高度 $|F_n|$ 和谱线间隔 ω_1 趋于无穷小，故 ω_1 可用 $\mathrm{d}\omega$ 代替，$n\omega_1$ 变为连续变量 ω，同时 $T=\dfrac{2\pi}{\omega_1}$ 也可用 $\dfrac{2\pi}{\omega}$ 表示，从而式(3-15)变为

$$F(\mathrm{j}\omega) = \int_{-\infty}^{\infty} f(t)\mathrm{e}^{-\mathrm{j}\omega t}\,\mathrm{d}t$$

又由于

$$F(\mathrm{j}\omega) = \lim_{T\to\infty} F_n T = \frac{2\pi F_n}{\mathrm{d}\omega} \qquad (3-17)$$

可见 $F(\mathrm{j}\omega)$ 相当于单位频率占有的复振幅，具有密度的意义，所以常把 $F(\mathrm{j}\omega)$ 称为频谱密度函数，简称频谱函数。$F(\mathrm{j}\omega)$ 为连续谱。由式(3-17)，F_n 表示为

$$F_n = \frac{\mathrm{d}\omega}{2\pi} F(\mathrm{j}\omega)$$

代入式(3-16)，同时把 $n\omega_1$ 换为 ω，求和变为积分可得

$$f(t) = \frac{1}{2\pi} \int_{-\infty}^{\infty} F(j\omega) e^{j\omega t} \, d\omega$$

由以上分析可以得出一对重要关系，即傅立叶变换：

$$F(j\omega) = \int_{-\infty}^{\infty} f(t) e^{-j\omega t} \, dt \qquad (3-18)$$

反变换为

$$f(t) = \frac{1}{2\pi} \int_{-\infty}^{\infty} F(j\omega) e^{j\omega t} \, d\omega \qquad (3-19)$$

式(3 - 18)和式(3 - 19)称为傅立叶变换对，可简记为

$$F(j\omega) = \mathscr{F}\left[f(t)\right]$$
$$f(t) = \mathscr{F}^{-1}\left[F(j\omega)\right]$$

或记为

$$f(t) \leftrightarrow F(j\omega)$$

频谱函数 $F(j\omega)$ 一般为复函数，可写为

$$F(j\omega) = |F(j\omega)| \, e^{j\varphi(\omega)}$$

式中 $|F(j\omega)|$ 是振幅谱密度函数，称为幅度频谱，是 ω 的偶函数；$\varphi(\omega)$ 是相位谱密度函数，称为相位频谱，是 ω 的奇函数。

将非周期信号的频谱表示为傅立叶积分，要求式(3 - 18)的积分必须存在，这就要求 $f(t)$ 绝对可积，满足

$$\int_{-\infty}^{\infty} |f(t)| \, dt < \infty \qquad (3-20)$$

但这仅是充分条件，而不是必要条件。凡满足绝对可积条件的信号，其 $F(j\omega)$ 必然存在，但不满足式(3 - 20)条件的一些信号，其傅氏变换也可能存在。

3.3.2 常见信号的频谱分析

1. 门函数的频谱

幅度为 1，宽度为 τ 的单个矩形脉冲常称为门函数，又称矩形脉冲信号，记为 $g_\tau(t)$，它表示为

$$g_\tau(t) = \begin{cases} 1 & |t| < \dfrac{\tau}{2} \\ 0 & |t| > \dfrac{\tau}{2} \end{cases}$$

其波形如图 3 - 9(a)所示，由式(3 - 18)可得 $g_\tau(t)$ 的傅立叶变换，即频谱函数为

$$F(j\omega) = \int_{-\infty}^{\infty} g_\tau(t) e^{-j\omega t} \, dt = \frac{e^{-j\frac{\omega\tau}{2}} - e^{j\frac{\omega\tau}{2}}}{-j\omega}$$

$$= \frac{2 \sin\left(\dfrac{\omega\tau}{2}\right)}{\omega} = \tau \frac{\sin\left(\dfrac{\omega\tau}{2}\right)}{\left(\dfrac{\omega\tau}{2}\right)}$$

令

$$\mathrm{Sa}\left(\frac{\omega\tau}{2}\right) = \frac{\sin\dfrac{\omega\tau}{2}}{\dfrac{\omega\tau}{2}}$$

则

$$F(\mathrm{j}\omega) = \tau \cdot \mathrm{Sa}\left(\frac{\omega\tau}{2}\right) \tag{3-21}$$

图 3 - 9(b)为 $F(\mathrm{j}\omega)$ 的图形。由图可见，非周期信号的频谱是连续的。对 $g_\tau(t)$ 而言，其频谱图中第一个零值对应的角频率为 $\dfrac{2\pi}{\tau}\left(f = \dfrac{1}{\tau}\right)$，当脉冲宽度减小时，第一个零值处的频率也相应增加。取零频率到 $F(\mathrm{j}\omega)$ 的第一个零值对应频率间的频段为信号的带宽，则 $g_\tau(t)$ 的信号带宽为

$$B_\omega = \frac{1}{\tau}$$

即脉冲宽度与频带宽度成反比。

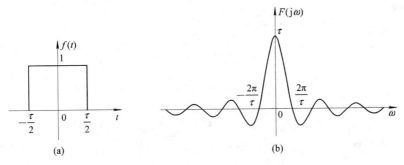

图 3 - 9　门函数及其频谱函数

2. 指数信号的频谱

设指数信号为

$$f(t) = \mathrm{e}^{-at}, \quad (a > 0, \; t > 0)$$

其频谱函数为

$$F(\mathrm{j}\omega) = \int_0^\infty \mathrm{e}^{-at}\,\mathrm{e}^{-\mathrm{j}\omega t}\,\mathrm{d}t = \int_0^\infty \mathrm{e}^{-(a+\mathrm{j}\omega)t}\,\mathrm{d}t = \frac{1}{a + \mathrm{j}\omega}$$

即

$$\mathrm{e}^{-at}\varepsilon(t) \leftrightarrow \frac{1}{a + \mathrm{j}\omega} \tag{3-22}$$

其幅度频谱为

$$|F(\mathrm{j}\omega)| = \frac{1}{\sqrt{a^2 + \omega^2}}$$

相位频谱为

$$\varphi(\omega) = -\arctan\frac{\omega}{a}$$

频谱图分别见图 3 - 10 的(b)和(c)。

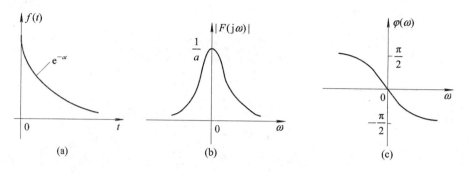

图 3 - 10　指数信号及其频谱图

3. 冲激信号的频谱

图 3 - 11(a)所示为单位冲激函数，即

$$f(t) = \delta(t)$$

频谱函数为

$$F(\mathrm{j}\omega) = \int_{-\infty}^{\infty} f(t)\mathrm{e}^{-\mathrm{j}\omega t}\,\mathrm{d}t = \int_{-\infty}^{\infty} \delta(t)\mathrm{e}^{-\mathrm{j}\omega t}\,\mathrm{d}t$$

因 $\delta(t) \cdot \mathrm{e}^{-\mathrm{j}\omega t} = \delta(t)$，并根据 $\delta(t)$ 的定义可得

$$F(\mathrm{j}\omega) = \int_{-\infty}^{\infty} \delta(t)\mathrm{d}t = 1$$

即

$$\delta(t) \leftrightarrow 1 \tag{3 - 23}$$

式(3 - 23)表明：单位冲激函数的频谱函数等于 1，如图 3 - 11(b)所示。即是说，单位冲激函数的频谱，在 $-\infty < \omega < \infty$ 整个频率区间是均匀分布的，这样的频谱常称为"均匀谱"。

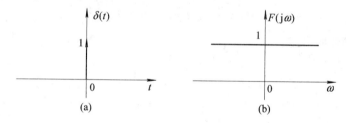

图 3 - 11　单位冲激函数及其频谱

4. 直流信号的频谱

幅度等于 1 的直流信号表示为

$$f(t) = 1 \quad (-\infty < t < \infty)$$

由傅立叶反变换公式，且 $\delta(t)$ 为 t 的偶函数，则 $\delta(t)$ 可表示为

$$\delta(t) = \delta(-t) = \frac{1}{2\pi} \int_{-\infty}^{\infty} 1 \cdot \mathrm{e}^{\mathrm{j}\omega t}\,\mathrm{d}\omega$$

将上式中 ω 换为 t，t 换为 ω，有

$$2\pi\delta(\omega) = \int_{-\infty}^{\infty} 1 \cdot \mathrm{e}^{\mathrm{j}\omega t}\,\mathrm{d}\omega$$

上式表明单位直流信号的傅立叶变换为 $2\pi\delta(\omega)$，即

$$1 \leftrightarrow 2\pi\delta(\omega) \tag{3-24}$$

如图 3 - 12 所示，可得直流仅由 $\omega=0$ 的分量组成。

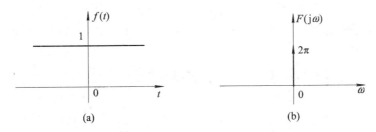

图 3 - 12　直流信号及其频谱

5. 阶跃信号的频谱

单位阶跃信号的表达式为

$$u(t) = \begin{cases} 1 & t > 0 \\ 0 & t < 0 \end{cases}$$

波形如图 3 - 13(a)所示。显然，它不满足绝对可积条件，但可采用取极限的方法求其傅立叶变换。将 $u(t)$ 看做单边指数衰减信号 $\mathrm{e}^{-at}u(t)$ 在 $a \to 0$ 时的极限，即

$$u(t) = \begin{cases} \lim\limits_{a \to 0} \mathrm{e}^{-at} & t > 0 \\ 0 & t < 0 \end{cases}$$

$\mathrm{e}^{-at}u(t)$ 的傅立叶变换为

$$F(\mathrm{j}\omega) = \frac{1}{a + \mathrm{j}\omega} = \frac{a}{a^2 + \omega^2} + \frac{\omega}{\mathrm{j}(a^2 + \omega^2)}$$

当 $a \to 0$ 时，阶跃信号的频谱函数为

$$F(\mathrm{j}\omega) = \pi\delta(\omega) + \frac{1}{\mathrm{j}\omega} \tag{3-25}$$

其频谱图如图 3 - 13(b)所示。

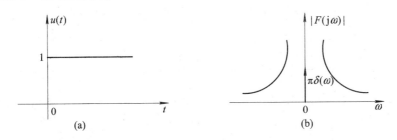

图 3 - 13　阶跃信号及其频谱图

　　由以上列举的常用函数的傅立叶变换及所画的频谱图，可以看出非周期信号的傅立叶变换具有以下特点：

　　(1) 连续性。任何存在傅立叶变换的非周期信号的频谱(幅度谱和相位谱)都是频率的连续曲线。

　　(2) 若 $f(t)$ 为 t 的实函数、偶函数，则其傅立叶变换为 ω 的实函数、偶函数；若 $f(t)$ 为 t 的实函数、奇函数，则其傅立叶变换为 ω 的虚函数、奇函数；若 $f(t)$ 为非奇非偶、t 的实

函数，则其傅立叶变换为 ω 的一般复函数。

（3）单位冲激信号的频谱是均匀谱，除此以外的任何存在傅立叶变换的非周期信号的频谱都具有"收敛性"，即频谱函数的幅值随 $|\omega|$ 的增大而减小。

（4）若 $f(t)$ 为满足绝对可积条件的信号，则其傅立叶变换中不包含频域的冲激函数。

3.4　傅立叶变换的性质

掌握傅立叶变换的一些主要性质是非常必要的，一则可以更深刻地理解傅立叶变换与逆变换的意义；二则可使求解傅立叶变换或逆变换的计算得到简化，从而方便了我们对信号与系统问题的分析。

1. 线性性质

若 $f_1(t) \leftrightarrow F_1(j\omega)$，$f_2(t) \leftrightarrow F_2(j\omega)$，则

$$af_1(t) + bf_2(t) \leftrightarrow aF_1(j\omega) + bF_2(j\omega) \tag{3-26}$$

式中，a、b 为常数。因为傅立叶变换是一种线性变换，所以它满足齐次性与叠加性。式 (3-26) 表明：

（1）信号乘 a（或 b）倍，对应的傅立叶变换也乘 a（或 b）倍。

（2）和信号的傅立叶变换等于相加各信号傅立叶变换的代数和。

【例 3-5】　求图 3-14(a) 所示信号 $f(t)$ 的傅立叶变换 $F(j\omega)$。

解　将 $f(t)$ 看成一直流信号与门函数 $g_2(t)$ 相减，即

$$f(t) = 1 - g_2(t)$$

而由式 (3-21) 和式 (3-24) 可得

$$1 \leftrightarrow 2\pi\delta(\omega)$$

$$g_2(t) \leftrightarrow 2\,\mathrm{Sa}(\omega)$$

所以，由线性性质可得

$$F(j\omega) = 2\pi\delta(\omega) - 2\,\mathrm{Sa}(\omega)$$

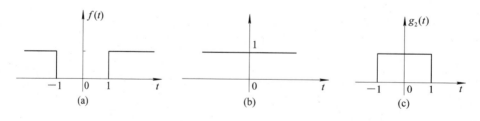

图 3-14　例 3-5 图

一般，是将复杂的信号在时间域里分解为若干个常用函数的代数和的形式，应用常用函数变换对直接写出它们的傅立叶变换，然后应用线性性质再将各变换代数和相加，即得复杂信号的傅立叶变换，这是应用傅立叶变换线性性质的基本思想。

2. 时移性质

若 $f(t) \leftrightarrow F(j\omega)$，$t_0$ 为常数，则

$$f(t \pm t_0) \leftrightarrow F(j\omega)\mathrm{e}^{\pm j\omega t_0} \tag{3-27}$$

证明：因为

$$\mathscr{F}\big[f(t\pm t_0)\big]=\int_{-\infty}^{\infty}f(t\pm t_0)\mathrm{e}^{\pm\mathrm{j}\omega t_0}\,\mathrm{d}t$$

作变量代换，令 $t\pm t_0=x$，$t=x\mp t_0$，$\mathrm{d}t=\mathrm{d}x$，代入上式，则有

$$\mathscr{F}\big[f(t\pm t_0)\big]=\int_{-\infty}^{\infty}f(x)\mathrm{e}^{-\mathrm{j}(x\mp t_0)\omega}\,\mathrm{d}x=\mathrm{e}^{\pm\mathrm{j}\omega t_0}\int_{-\infty}^{\infty}f(x)\mathrm{e}^{-\mathrm{j}\omega x}\,\mathrm{d}x=\mathrm{e}^{\pm\mathrm{j}\omega t_0}F(\mathrm{j}\omega)$$

式（3 - 27）表明：信号 $f(t)$ 在时域中沿时间轴左、右移 t_0，对应于频域中不改变信号的振幅频谱，仅使信号增加一线性相移 $\pm\omega t_0$。

【例 3 - 6】　求图 3 - 15 所示信号 $f(t)$ 的傅立叶变换 $F(\mathrm{j}\omega)$。

解　将 $f(t)$ 看作门函数 $g_2(t)$ 右移 1，即

$$f(t)=g_2(t-1)$$
$$g_2(t)\leftrightarrow 2\,\mathrm{Sa}(\omega)$$

由时移性质，得

$$F(\mathrm{j}\omega)=2\,\mathrm{Sa}(\omega)\mathrm{e}^{-\mathrm{j}\omega}$$

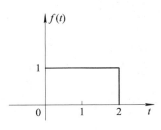

图 3 - 15　例 3 - 6 图

3. 频移性质

若 $f(t)\leftrightarrow F(\mathrm{j}\omega)$，则

$$f(t)\mathrm{e}^{\pm\mathrm{j}\omega_0 t}\leftrightarrow F\big[\mathrm{j}(\omega\mp\omega_0)\big]\qquad\qquad(3-28)$$

证明

$$\mathscr{F}\big[f(t)\mathrm{e}^{\pm\mathrm{j}\omega_0 t}\big]=\int_{-\infty}^{\infty}f(t)\mathrm{e}^{\pm\mathrm{j}\omega_0 t}\mathrm{e}^{-\mathrm{j}\omega t}\,\mathrm{d}t=\int_{-\infty}^{\infty}f(t)\mathrm{e}^{-\mathrm{j}(\omega\mp\omega_0)t}\,\mathrm{d}t=F\big[\mathrm{j}(\omega\mp\omega_0)\big]$$

该性质表明：信号 $f(t)$ 在时域中乘以复因子 $\mathrm{e}^{\pm\mathrm{j}\omega_0 t}$，对应于频谱在频域中沿频率轴右移或左移 ω_0。因此，该性质又称为频谱搬移定理。

【例 3 - 7】　求信号 $f(t)=\mathrm{e}^{\mathrm{j}\omega_0 t}$ 的傅立叶变换。

解　将信号 $f(t)$ 看作 1 与 $\mathrm{e}^{\mathrm{j}\omega_0 t}$ 相乘，即由直流信号变换对 $1\leftrightarrow 2\pi\delta(\omega)$ 及频移性质，得

$$F(\mathrm{j}\omega)=2\pi\delta(\omega-\omega_0)$$

【例 3 - 8】　求信号 $f_1(t)=\cos\omega_0 t$，$f_2(t)=\sin\omega_0 t$ 的傅立叶变换。

解　应用欧拉公式将 $f_1(t)$、$f_2(t)$ 分别改写为

$$f_1(t)=\frac{1}{2}\mathrm{e}^{\mathrm{j}\omega_0 t}+\frac{1}{2}\mathrm{e}^{-\mathrm{j}\omega_0 t}$$

$$f_2(t)=\frac{1}{2\mathrm{j}}\mathrm{e}^{\mathrm{j}\omega_0 t}-\frac{1}{2\mathrm{j}}\mathrm{e}^{-\mathrm{j}\omega_0 t}$$

应用频移性质和线性性质，可得

$$F_1(j\omega) = \frac{1}{2} \times 2\pi\delta(\omega - \omega_0) + \frac{1}{2} \times 2\pi\delta(\omega + \omega_0)$$

$$= \pi[\delta(\omega - \omega_0) + \delta(\omega + \omega_0)]$$

$$F_2(j\omega) = \frac{1}{2j} \times 2\pi\delta(\omega - \omega_0) - \frac{1}{2j} \times 2\pi\delta(\omega + \omega_0)$$

$$= j\pi[\delta(\omega + \omega_0) - \delta(\omega - \omega_0)]$$

即

$$\cos\omega_0 t \leftrightarrow \pi[\delta(\omega + \omega_0) + \delta(\omega - \omega_0)] \qquad (3-29)$$

$$\sin\omega_0 t \leftrightarrow j\pi[\delta(\omega + \omega_0) - \delta(\omega - \omega_0)] \qquad (3-30)$$

频谱搬移在通信技术中得到了广泛的应用。诸如调幅、同步解调、变频等过程都是在频谱搬移的基础上完成的，通常是将信号 $f(t)$ 乘上一个正（余）弦信号来实现的。

4. 尺度变换性质

若 $f(t) \leftrightarrow F(j\omega)$，$a$ 为非零常数，则

$$f(at) \leftrightarrow \frac{1}{|a|} F\left(j\frac{\omega}{a}\right) \qquad (3-31)$$

证明：由傅立叶变换定义可得

$$\mathscr{F}[f(at)] = \int_{-\infty}^{\infty} f(at)e^{-j\omega t} dt$$

作变量替换，令 $at = x$，$t = \dfrac{x}{a}$，则 $dx = a\ dt$，当 $a > 0$ 时，有

$$\mathscr{F}[f(at)] = \int_{-\infty}^{\infty} f(x)e^{-j\omega\frac{x}{a}} d\left(\frac{x}{a}\right) = -\int_{-\infty}^{\infty} f(x)e^{-j\omega\frac{x}{a}} \frac{1}{a}dx = -\frac{1}{a}F\left(j\frac{\omega}{a}\right)$$

当 $a < 0$ 时，有

$$\mathscr{F}[f(at)] = \int_{-\infty}^{\infty} f(x)e^{-j\omega\frac{x}{a}} d\left(\frac{x}{a}\right) = \int_{-\infty}^{\infty} f(x)e^{-j\omega\frac{x}{a}} \frac{1}{a}dx = \frac{1}{a}F\left(j\frac{\omega}{a}\right)$$

综合以上两种讨论可知

$$f(at) \leftrightarrow \frac{1}{|a|} F\left(j\frac{\omega}{a}\right)$$

可以得出：若信号 $f(t)$ 在时间坐标上压缩到原来的 $1/a$，那么频谱在频率轴上将扩展 a 倍，同时其幅度减小到原来的 $1/a$。这表明，时域中的压缩对应着频域中的扩展，时域中的扩展对应着频域中的压缩。由此得出一个非常实用的结论，即信号的持续时间与其占有的频带宽度成反比。所以在通信技术中，信号的传输速率（每秒钟传输的脉冲数）总是和所占用频带相矛盾。

当 $f(t)$ 既发生时移又有尺度变换时，则有

$$f(at \pm b) \leftrightarrow \frac{1}{|a|} F\left(j\frac{\omega}{a}\right)e^{\pm j\frac{b}{a}\omega}$$

其中，a 与 b 为实数，但 $a \neq 0$。读者自己证明。

【例 3 - 9】 已知 $f(t)$ 的傅立叶变换为 $F(j\omega)$，设 $y(t) = f\left(-\dfrac{1}{2}t + 1\right)$，求 $y(t)$ 的频谱函数 $Y(j\omega)$。

解 $f(t) \leftrightarrow F(j\omega)$，且 $a = -1/2$，得

$$f\left(-\frac{1}{2}t\right) \leftrightarrow \frac{1}{\left|-\frac{1}{2}\right|} F\left(j\frac{\omega}{-\frac{1}{2}}\right) = 2F(-j2\omega)$$

而
$$y(t) = f\left(-\frac{1}{2}t+1\right) = f\left[-\frac{1}{2}(t-2)\right]$$

所以再应用时移性质，得

$$Y(j\omega) = 2F(-2j\omega)e^{-2j\omega}$$

5. 对称性质

若 $f(t) \leftrightarrow F(j\omega)$，则

$$F(jt) \leftrightarrow 2\pi f(-\omega) \qquad\qquad (3-32)$$

证明：由傅立叶反变换定义式可得

$$f(t) = \frac{1}{2\pi} \int_{-\infty}^{\infty} F(j\omega)e^{j\omega t}\, d\omega$$

则一定会有

$$f(-t) = \frac{1}{2\pi} \int_{-\infty}^{\infty} F(j\omega)e^{-j\omega t}\, d\omega$$

做变量替换，取 ω 换成 t，t 换成 ω，上式变为

$$f(-\omega) = \frac{1}{2\pi} \int_{-\infty}^{\infty} F(jt)e^{-j\omega t}\, dt$$

两边同乘 2π，由此可得

$$2\pi f(-\omega) = \int_{-\infty}^{\infty} F(jt)e^{-j\omega t}\, dt = \mathscr{F}\big[F(jt)\big]$$

即
$$F(jt) \leftrightarrow 2\pi f(-\omega)$$

若 $f(t)$ 是 t 的偶函数，即 $f(t)=f(-t)$，则一定会有

$$F(jt) \leftrightarrow 2\pi f(-\omega) = 2\pi f(\omega)$$

由上式可见，在此条件下时域与频域完全是对称的关系。

【例 3-10】 求抽样信号 $Sa(t)$ 的频谱函数。

解　直接利用定义不易求出抽样信号的傅立叶变换，利用对称性则较为方便。

由门函数的傅立叶变换可知，幅度为 1，宽度为 τ 的门函数 $g(t)$，其傅立叶变换为

$$g(t) \leftrightarrow \tau \cdot Sa\left(\frac{\omega\tau}{2}\right)$$

取 $\tau/2=1$，即 $\tau=2$，且幅度为 $1/2$，如图 3-16(a)所示。根据傅立叶变换的线性性质，脉宽为 2，幅度为 $1/2$ 的门函数，其傅立叶变换为

$$\frac{1}{2}g_2(t) \leftrightarrow \frac{1}{2} \times 2\, Sa(\omega) = Sa(\omega)$$

即

$$\frac{1}{2}g_2(t) \leftrightarrow Sa(\omega)$$

由于 $g_2(t)$ 是偶函数，根据对称性可得

$$Sa(t) \leftrightarrow 2\pi \times \frac{1}{2}g_2(\omega) = \pi g_2(\omega)$$

即

$$\mathrm{Sa}(t) \leftrightarrow \pi g_2(\omega) = \begin{cases} \pi & |\omega| < 1 \\ 0 & |\omega| > 1 \end{cases}$$

其波形如图 3 - 16(b)所示。

从以上分析可以看出，当 $f(t)$ 为偶函数时，如果 $f(t)$ 的频谱函数为 $F(\mathrm{j}\omega)$，则频谱为 $f(\omega)$ 的信号。即若门函数的频谱为抽样函数，那么抽样函数的频谱必然为门函数。

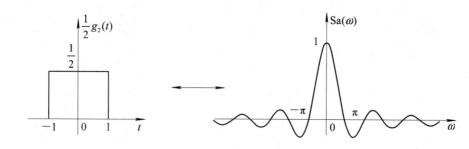

(a) 门函数及其频谱

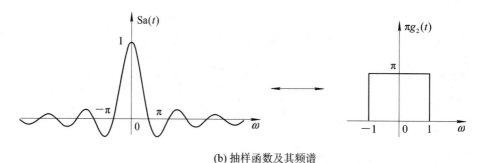

(b) 抽样函数及其频谱

图 3 - 16　例 3 - 10 图

6. 卷积定理

若 $f_1(t) \leftrightarrow F_1(\mathrm{j}\omega)$，$f_2(t) \leftrightarrow F_2(\mathrm{j}\omega)$，则时域卷积定理为

$$f_1(t) * f_2(t) \leftrightarrow F_1(\mathrm{j}\omega) F_2(\mathrm{j}\omega) \tag{3-33}$$

证明：

$$f_1(t) * f_2(t) \leftrightarrow \int_{-\infty}^{\infty} \left[\int_{-\infty}^{\infty} f_1(\tau) f_2(t-\tau) \mathrm{d}\tau \right] \mathrm{e}^{-\mathrm{j}\omega t} \, \mathrm{d}t$$

$$= \int_{-\infty}^{\infty} f_1(\tau) \left[\int_{-\infty}^{\infty} f_2(t-\tau) \mathrm{e}^{-\mathrm{j}\omega t} \, \mathrm{d}t \right] \mathrm{d}\tau$$

$$= \int_{-\infty}^{\infty} f_1(\tau) F_2(\mathrm{j}\omega) \mathrm{e}^{-\mathrm{j}\omega \tau} \, \mathrm{d}\tau$$

$$= F_2(\mathrm{j}\omega) \int_{-\infty}^{\infty} f_1(\tau) \mathrm{e}^{-\mathrm{j}\omega \tau} \, \mathrm{d}\tau$$

$$= F_1(\mathrm{j}\omega) F_2(\mathrm{j}\omega)$$

上式表明，两个时间函数的卷积运算变为两个频谱函数的相乘运算。这个性质是傅立叶变换中最重要的性质之一，对于系统分析有着重要的意义，是滤波技术的理论基础。

由时域分析可知，若 LTI 系统的输入为 $f(t)$，系统的冲激响应为 $h(t)$，则系统的零状态响应 $y(t)$ 为

$$y(t) = f(t) * h(t)$$

设 $f(t) \leftrightarrow F(j\omega)$，$h(t) \leftrightarrow H(j\omega)$，$y(t) \leftrightarrow Y(j\omega)$，根据时域卷积定理，系统响应的频谱函数为

$$Y(j\omega) = H(j\omega)F(j\omega)$$

其中 $H(j\omega)$ 称为系统的频率响应，它与冲激响应 $h(t)$ 是一对傅立叶变换对，所以 $H(j\omega)$ 与 $h(t)$ 都表征系统自身的固有特性。同时，时间域内的卷积转化为频谱函数的相乘，给系统的分析带来很大的方便。

同理，又可得到频域卷积定理，若 $f_1(t) \leftrightarrow F_1(j\omega)$，$f_2(t) \leftrightarrow F_2(j\omega)$，则时域相乘对应频域卷积，即

$$f_1(t)f_2(t) \leftrightarrow \frac{1}{2\pi}F_1(j\omega) * F_2(j\omega)$$

【例 3-11】　已知两个完全相同的门函数卷积可以得到一个三角脉冲，如图 3-17 所示。求三角脉冲的频谱函数。

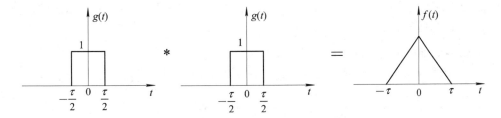

图 3-17　时域卷积运算

解　由于 $f(t) = g(t) * g(t)$，则其对应的频谱函数为

$$F(j\omega) = \tau\,\mathrm{Sa}\left(\frac{\omega\tau}{2}\right) \times \tau\,\mathrm{Sa}\left(\frac{\omega\tau}{2}\right) = \tau^2\,\mathrm{Sa}^2\left(\frac{\omega\tau}{2}\right)$$

3.5　线性非时变系统的频域分析

3.5.1　频域分析

在系统时域分析方法中，主要是以单位冲激函数 $\delta(t)$ 作为基本信号，基于系统的线性和时不变性导出的一种分析方法。以运用傅立叶级数或傅立叶变换导出另一种分析方法，即频域分析法。频域分析法是把系统的激励和响应关系应用傅立叶变换从时域变换到频域来研究，从处理时间变量 t 转换成处理频率变量 ω，从解系统的微分方程转化为解代数方程，并通过响应的频谱函数来研究响应的频谱结构和系统的功能。

1. 系统函数的定义

由时域分析可知，若 LTI 系统的输入为 $f(t)$，系统的冲激响应为 $h(t)$，则系统的零状态响应 $y(t)$ 为

$$y(t) = f(t) * h(t)$$

若 $f(t) \leftrightarrow F(j\omega)$，$h(t) \leftrightarrow H(j\omega)$，$y(t) \leftrightarrow Y(j\omega)$，则系统响应的频谱函数为

$$Y(j\omega) = H(j\omega)F(j\omega)$$

系统函数 $H(j\omega)$ 可定义为

$$H(j\omega) = \frac{Y(j\omega)}{F(j\omega)} \tag{3-34}$$

系统函数 $H(j\omega)$ 等于零状态响应的频谱函数 $Y(j\omega)$ 与输入激励的频谱函数 $F(j\omega)$ 之比，也就是电路分析中的网络函数或传输函数。随着激励信号与待求响应的关系不同，在电路分析中 $H(j\omega)$ 将有不同的含义。它可以是阻抗函数、导纳函数、电压比或电流比。

2. $H(j\omega)$ 的物理意义

由式 $h(t) \leftrightarrow H(j\omega)$ 可知 $H(j\omega)$ 是系统单位响应 $h(t)$ 的频谱函数。反之有

$$h(t) = \frac{1}{2\pi} \int_{-\infty}^{\infty} H(j\omega) e^{j\omega t} \, d\omega$$

即 $H(j\omega)$ 是将 $h(t)$ 分解为无穷多个指数信号之和，其相应的频率谱密度函数。

$$y_f(t) = H(j\omega) e^{j\omega t}$$

可知，$H(j\omega)$ 的另一个物理意义是当激励为 $e^{j\omega t}$ 时系统零状态响应的加权函数，而且可以看出零状态响应 $y_f(t)$ 随时间 t 的变化规律与 $e^{j\omega t}$ 的变化规律相同，仅差一个加权函数 $H(j\omega)$。

3. $H(j\omega)$ 的求法

频域系统函数 $H(j\omega)$ 的求解方法主要有以下四种：

(1) 当给定激励与零状态响应时，根据定义可求：

$$H(j\omega) = \frac{Y(j\omega)}{F(j\omega)}$$

(2) 当已知系统单位冲激响应 $h(t)$ 时，可求

$$H(j\omega) = \int_{-\infty}^{\infty} h(t) e^{-j\omega t} \, dt$$

(3) 当给定系统的电路模型时，用相量法求解。

(4) 当给定系统的数学模型（微分方程）时，用傅立叶变换法求解。

【例 3-12】 试求图 3-18(a) 中 $i_2(t)$ 为响应时的系统函数 $H(j\omega)$。

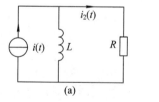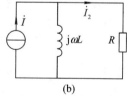

图 3-18 例 3-12图

解 图 3-18 所示电路对应的频域电路模型如图 3-18(b) 所示。

根据相量分析法

$$H(j\omega) = \frac{\dot{I}_2}{\dot{I}} = \frac{j\omega L}{R + j\omega L}$$

4. 系统频率特性

由于 $H(j\omega)$ 是冲激响应 $h(t)$ 的频谱函数，而 $h(t)$ 取决于系统本身结构，它描述了系统

的时域固有特性，因此 $H(j\omega)$ 同样仅取决于系统本身结构。系统一旦给定，其系统函数 $H(j\omega)$ 也随之确定，它反映了系统的频域特性，所以 $H(j\omega)$ 是表征系统特征的重要物理量。我们已知

$$H(j\omega) = | H(j\omega) | e^{j\varphi(\omega)}$$

在这里，$| H(j\omega) |$ 称为系统的幅频特性；$\varphi(\omega)$ 称为系统的相频特性。因此通过研究 $H(j\omega)$ 就可以了解系统的整个频率特性，从而了解系统的功能。

3.5.2　无失真传输

1. 无失真传输的定义

对于一个线性系统，一般要求能够无失真地传输信号。信号的无失真传输，从时域来说，就是要求系统输出响应的波形应当与系统输入激励信号的波形完全相同，而幅度大小可以不同，时间前后可能有所差异，即

$$y(t) = kf(t - t_0) \tag{3-35}$$

式中，k 是系统的增益，t_0 是延迟时间，k 与 t_0 均为常数。

这样，虽然输出响应 $y(t)$ 的幅度有增益 k 倍的变化，而且有 t_0 时间的滞后，但整个波形的形状不变，见图 3-19。

图 3-19　无失真传输示意图

2. 无失真传输的条件

若要保持系统无失真传输信号，从频域分析，可以对式(3-35)两边取傅立叶变换，并利用其时移性得

$$Y(j\omega) = kF(j\omega)e^{-j\omega t_0}$$

由于

$$Y(j\omega) = F(j\omega)H(j\omega) \tag{3-36}$$

所以无失真传输的系统函数为

$$H(j\omega) = k e^{-j\omega t_0}$$

即

$$| H(j\omega) | = k, \quad \varphi(\omega) = -\omega t_0$$

因此，无失真传输系统在频域应满足两个条件：

(1) 系统的幅频特性在整个频率范围内应为常数 k，即系统的通频带为无穷大。

(2) 系统的相频特性在整个频率范围内应与 ω 成正比，即 $\varphi(\omega) = -\omega t_0$，若对式(3-36)取傅立叶反变换，则可知系统的冲激响应为

$$h(t) = k\delta(t - t_0) \tag{3-37}$$

式(3-37)表明，一个无失真传输系统，其单位冲激响应仍为一个冲激函数，不过在强

度上不一定为单位 1，位置上也不一定位于 $t=0$ 处。因此式（3-37）从时域给出了无失真传输系统的条件。

无失真传输系统的幅频特性应在无限宽的频率范围内保持常量，这是不可能实现的。实际的线性系统，其幅频与相频特性都不可能完全满足不失真传输条件。当系统对信号中各频率分量产生不同程度的衰减，使信号的幅度频谱改变时，会造成幅度失真；当系统对信号中各频率分量产生的相移与频率不成正比时，会使信号的相位频谱改变，造成相位失真。工程上，只要在信号占有的频率范围内，系统的幅频与相频特性二者基本上满足不失真传输条件时，就可以认为是无失真传输系统了。

3. 信号失真的类型

通常，信号失真分为两大类：

（1）非线性失真。一个系统，如果输出的响应中出现有输入激励信号中所没有的新的频率分量，则称之为非线性失真。而在线性系统中不会出现非线性失真。

（2）线性失真。在线性系统中出现的信号失真称为线性失真。在线性失真中，响应信号中不会出现激励信号中所没有的新的频率成分。线性失真是由于系统函数 $H(j\omega)$ 不满足式（3-36）而引起的。

当 $|H(j\omega)|$ 不等于常数 k 时所引起的失真称为振幅失真。振幅失真的原因在于系统对激励信号所有频率分量的幅度衰减不是均等的，一部分频率分量严重衰减，而另一部分频率分量可能畅通无阻，从而使输出波形不同于激励波形。

当 $\varphi(\omega) \neq -\omega t_0$ 时所产生的失真称为相位失真。不难想象，尽管信号所有频率分量的幅度衰减相等，但如果各频率分量的相移没有一定规律，致使各次谐波间相对位置发生变化，也将引起信号的失真。

3.5.3 理想低通滤波器

一个系统，如果能按其系统函数 $H(j\omega)$ 的变化规律使输入信号中不同频率分量有的通过，有的抑制，则该系统为滤波器。所谓理想滤波器，则是指对于某一频率范围内的信号给予完全的通过，而对这以外的信号予以彻底的抑制。

具有如图 3-20 所示幅频特性和相频特性的系统称为理想低通滤波器，即

$$H(j\omega) = \begin{cases} e^{-j\omega t_d} & |\omega| < \omega_c \\ 0 & |\omega| > \omega_c \end{cases}$$

式中，ω_c 称为通带截止频率；t_d 是相位特性斜率。

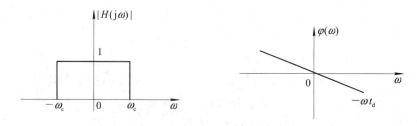

图 3-20 理想低通滤波器的频谱特性

图 3-20 表明，对于低于 ω_c 的所有信号，系统能够无失真地传输，而对于高于 ω_c 的

信号完全阻塞，无法传输，系统的这种特性称为低通滤波特性，$|\omega| < \omega_c$ 的频率范围称为通带；$|\omega| > \omega_c$ 的频率范围称为阻带。可见理想低通滤波器的通带为 $0 \sim \omega_c$。

1. 理想低通滤波器的冲激响应

由于系统函数 $H(j\omega)$ 为系统冲激响应 $h(t)$ 的傅立叶变换，因此，理想低通滤波器的冲激响应为

$$h(t) = \frac{\omega_c}{\pi} \operatorname{Sa}[\omega_c(t - t_d)]$$

上式表明，理想低通滤波器的冲激响应 $h(t)$ 是一个抽样函数，如图 3 - 21 所示。

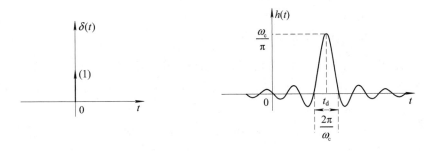

图 3 - 21　理想低通滤波器的输入与冲激响应

由图 3 - 21 可知，理想低通滤波器的冲激响应 $h(t)$ 与激励信号 $\delta(t)$ 相比，产生了严重的失真。这是因为理想低通滤波器的有限频带宽度把冲激响应 $\delta(t)$ 无限频带宽度中的高于截止频率 ω_c 的频率分量全部滤除掉的缘故。同时可以看出，冲激响应主峰出现的时刻 t_d 比冲激信号 $\delta(t)$ 延迟了一段时间 t_d，它正是低通滤波器相频特性的斜率。如果截止频率 $\omega_c \to \infty$，滤波器就变成一个无失真传输系统，则 $h(t)$ 的峰值 $\frac{\omega_c}{\pi} \to \infty$，主瓣宽度 $\frac{2\pi}{\omega_c} \to 0$，主峰出现的时刻 $t_d \to 0$，输出信号 $h(t)$ 趋近于冲激信号 $\delta(t)$。

2. 理想低通滤波器的阶跃响应

若理想低通滤波器的输入是一个单位阶跃信号 $\varepsilon(t)$，则其响应为阶跃响应 $g(t)$。根据时域分析可知，阶跃响应 $g(t)$ 可以通过冲激响应 $h(t)$ 的积分而得到。所以理想低通滤波器的阶跃响应为

$$g(t) = \frac{1}{2} + \frac{1}{\pi} \operatorname{Sa}[\omega_c(t - t_d)]$$

其中，$\operatorname{Sa}(y) = \displaystyle\int_0^y \frac{\sin x}{x} \, dx$。其响应波形如图 3 - 22 所示。

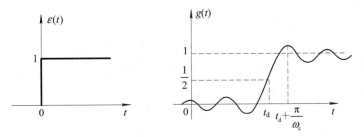

图 3 - 22　理想低通滤波器的输入与阶跃响应

由图 3-22 可以看出，理想低通滤波器的阶跃响应 $g(t)$ 与激励信号 $\varepsilon(t)$ 相比，产生了严重的失真。阶跃响应比阶跃输入信号延迟了一段时间 t_d。当 $t=t_d$，$g(t)=1/2$ 时，t_d 仍是理想低通滤波器相频特性的斜率。此时阶跃响应的波形也不像阶跃信号那样陡直上升，而是逐渐上升，这表明阶跃响应的建立需要一段时间，同时，阶跃响应波形还出现过冲激振荡，这都是由于理想低通滤波器是一个有限频带宽度系统所引起的。

通常把阶跃响应的上升时间 t_r 定义为从最小值到最大值所需要的时间，由图 3-22 可知上升时间为

$$t_r = \frac{2\pi}{\omega_c} = \frac{1}{B_f} \tag{3-38}$$

式中，$B_f = \frac{\omega_c}{2\pi} = f_c$ 为低通滤波器的通频带宽度。

式 (3-38) 说明阶跃响应的上升时间 t_r 与理想低通滤波器的通频带宽度（截止频率）成反比。ω_c 愈高，阶跃响应的上升时间 t_r 就愈短，当 $\omega_c \to \infty$ 时，则 $t_r \to 0$，此时，理想低通滤波器就成为一个无失真传输系统。

另外，由图 3-22 还可以看出，阶跃响应 $g(t)$ 在 $t<0$ 时也存在，它同样反映了理想滤波器的非因果性和不可实现性。

除低通滤波器以外，根据不同的滤波特性还可分为高通滤波器、带通滤波器和带阻滤波器等，它们正是利用了系统的滤波特性对信号进行加工和处理的。

习　题　3

一、填空题

1. 若周期信号为偶函数，傅立叶展开式中 $a_n = $ _____。

2. 欧拉公式的表达式为 _____、_____。

3. 周期信号的频谱特点是 _____、离散性、_____。

4. e^{2t} 指数的频谱为 _____。

5. 单位冲激函数的频谱函数等于 _____。

6. 单位阶跃信号的频谱是 _____。

7. 信号传输的失真分为非线性失真和 _____。

8. 信号 $f(at \pm b)$ 的频谱是 _____。

二、选择题

1. 下列不属于狄里赫利条件的是（　　）。

　（A）连续或只有有限个第一类间断点　（B）只有有限个极值点

　（C）信号必须是非周期信号　　　　　（D）绝对可积

2. 若周期信号 $f(t)$ 是偶函数，则（　　）。

　（A）$b_n = 0$ 　　　　　　　　　　　（B）$a_n = 0$

　（C）都不为 0 　　　　　　　　　　　（D）以上都不对

3. 指数信号为 $f(t) = e^{-2t} (t>0)$，则其傅立叶变换为（　　）。

(A) $\dfrac{1}{2-\mathrm{j}\omega}$　　　　　　　　(B) $\dfrac{1}{2+\mathrm{j}\omega}$

(C) $\dfrac{1}{-2-\mathrm{j}\omega}$　　　　　　　(D) $\dfrac{1}{-2+\mathrm{j}\omega}$

4. 信号 $\cos\omega_0 t$ 的傅立叶变换为（　　）。

(A) $\mathrm{j}\pi[\delta(\omega+\omega_0)-\delta(\omega-\omega_0)]$　　(B) $\mathrm{j}\pi[\delta(\omega+\omega_0)+\delta(\omega-\omega_0)]$

(C) $\pi[\delta(\omega+\omega_0)-\delta(\omega-\omega_0)]$　　(D) $\pi[\delta(\omega+\omega_0)+\delta(\omega-\omega_0)]$

5. 下列不属于频域系统函数 $H(\mathrm{j}\omega)$ 的求解方法的是（　　）。

(A) 当给定激励与零状态响应时，根据定义求解

(B) 当已知系统单位冲激响应 $h(t)$ 时，利用积分可求解

(C) 不能用傅立叶变换法求解

(D) 用相量法求解

三、计算分析题

1. 试求下列信号的频谱函数。

(1) $f(t)=\mathrm{e}^{-2|t|}$；

(2) $f(t)=\mathrm{e}^{-at}\sin\omega_0 t\cdot\varepsilon(t)$。

2. 试求信号 $f(t)=2+4\cos t+3\cos 3t$ 的傅立叶变换。

3. 设有以下信号 $f(t)$，分别求其频谱函数。

(1) $f(t)=\mathrm{e}^{-(2+\mathrm{j}5)t}\cdot\varepsilon(t)$；

(2) $f(t)=\varepsilon(t)-\varepsilon(t-2)$。

4. 利用卷积定理求下列信号的频谱函数。

(1) $f(t)=A\cos(\omega_0 t)*\varepsilon(t)$；

(2) $f(t)=A\sin(\omega_0 t)\varepsilon(t)$。

第 4 章 连续时间系统的复频域分析

本章首先介绍拉普拉斯正、反变换以及拉普拉斯变换的一些基本性质。并以此为基础，着重讨论线性系统的拉普拉斯变换分析法，以及应用系统函数及其零点、极点分析系统特性的概念。

拉普拉斯变换法是分析线性时不变连续时间系统的有效工具。它与傅立叶变换分析法相比，可以扩大信号变换的范围，而且求解比较简单，其优点是：

（1）对许多不满足绝对可积的信号在进行傅立叶变换时都受到限制，而用拉普拉斯变换却很简单。

（2）用拉普拉斯变换法求解系统响应时，它一方面把微积分方程转换为代数方程，使其运算简单；另一方面它可以自动地把系统的初始条件包含在变换式之内，使系统的零输入响应与零状态响应可以同时求出。

（3）借助系统函数的零点、极点分析，可以迅速判断系统的因果稳定性，直观地表示系统具有的复频域特性。

4.1 拉普拉斯变换

4.1.1 拉普拉斯变换的定义

信号 $f(t)$ 之所以不满足绝对可积的条件，是由于当 $t \to \infty$ 或 $t \to -\infty$ 时，$f(t)$ 不收敛，即

$$\lim_{|t| \to \infty} f(t) \neq 0 \tag{4-1}$$

如果用一个实指数函数 $e^{-\sigma t}$ 乘以 $f(t)$，只要 σ 的数值选择得当，就可以克服这一障碍，例如对于信号

$$f(t) = \begin{cases} e^{bt} & t > 0 \\ e^{at} & t < 0 \end{cases}$$

式中，a、b 都是正实数，且 $a > b$。只要选择 $a > \sigma > b$，就能保证当 $t \to \infty$ 或 $t \to -\infty$ 时 $f(t)e^{-\sigma t}$ 均趋于零。通常把 $e^{-\sigma t}$ 称为收敛因子。

$f(t)$ 乘以收敛因子 $e^{-\sigma t}$ 后的信号 $f(t)e^{-\sigma t}$ 成为绝对可积函数，其傅立叶变换为

$$\mathscr{F}\left[f(t)e^{-\sigma t}\right] = \int_{-\infty}^{\infty} f(t)e^{-\sigma t} \cdot e^{-j\omega t}\, \mathrm{d}t = \int_{-\infty}^{\infty} f(t)e^{-(\sigma+j\omega)t}\, \mathrm{d}t \tag{4-2}$$

它是 $\sigma + j\omega$ 的函数，可以写成

$$F(\sigma + j\omega) = \int_{-\infty}^{\infty} f(t) e^{-(\sigma + j\omega)t} \, dt \qquad (4-3)$$

$F(\sigma + j\omega)$ 的傅立叶反变换为

$$f(t) \cdot e^{-\sigma t} = \mathscr{F}^{-1}[F(\sigma + j\omega)] = \frac{1}{2\pi} \int_{-\infty}^{\infty} F(\sigma + j\omega) e^{j\omega t} \, d\omega \qquad (4-4)$$

将式(4-4)两边乘以 $e^{\sigma t}$ 得到

$$f(t) = \frac{1}{2\pi} \int_{-\infty}^{\infty} F(\sigma + j\omega) e^{(\sigma + j\omega)t} \, d\omega \qquad (4-5)$$

可见式(4-3)和式(4-5)构成一对积分变换。又令 $s = \sigma + j\omega$ 为复频率，从而 $ds = jd\omega$，当 $\omega = \pm\infty$ 时，$s = \sigma \pm j\infty$，于是式(4-3)可改写为

$$F(s) = \int_{-\infty}^{\infty} f(t) e^{-st} \, dt \qquad (4-6)$$

式(4-5)可改写为

$$f(t) = \frac{1}{2\pi j} \int_{\sigma - j\infty}^{\sigma + j\infty} F(s) e^{st} \, ds \qquad (4-7)$$

　　式(4-6)称为 $f(t)$ 的双边拉普拉斯变换。它是复频域 s 的函数，记为 $\mathscr{L}[f(t)]$。式(4-7)称为 $F(s)$ 拉普拉斯反变换，它是时间 t 的函数，记为 $\mathscr{L}^{-1}[F(s)]$。从而由傅立叶变换推广成为拉普拉斯变换，$f(t)$ 与 $F(s)$ 构成了拉普拉斯变换对

$$f(t) \xleftrightarrow{\mathscr{L}} F(s) \qquad (4-8)$$

式中，$F(s) = \mathscr{L}[f(t)]$，$f(t) = \mathscr{L}^{-1}[F(s)]$。

　　从上述由傅立叶变换导出拉普拉斯变换的过程可以看出，信号 $f(t)$ 的拉普拉斯变换实际上就是 $f(t) e^{-\sigma t}$ 的傅立叶变换，因有衰减因子存在，使一些原来不收敛的信号收敛，满足绝对可积条件，扩大了利用变换域的方法分析信号和系统的范围，因此拉普拉斯变换又称广义傅立叶变换。

　　如前一章所述，傅立叶变换是把信号分解为无限多个频率为 ω，复振幅为 $\frac{1}{2\pi} F(j\omega) d\omega$ 的虚指数分量 $e^{j\omega t}$ 之和；而拉普拉斯变换则是把信号 $f(t)$ 分解为无限多个无限密集的复频率为 $s = \sigma + j\omega$、复振幅为 $\frac{1}{2\pi j} F(s) ds$ 的复指数分量 $e^{st} = e^{\sigma t} \cdot e^{j\omega t}$ 之和。拉普拉斯变换与傅立叶变换的基本差别在于：傅立叶变换是将时域信号 $f(t)$ 变换为频域信号 $F(j\omega)$，或作相反变换，这里时域变量 t 和频域变量 ω 均是实数；而拉普拉斯变换则是将时域函数 $f(t)$ 映射为复频域函数 $F(s)$，或作相反变换，时域变量 t 是实数，而复频域变量 s 是复数。概括地说，傅立叶变换建立了时域和频域之间的联系，而拉普拉斯变换则建立了时域和复频域之间的联系。因此称利用拉普拉斯变换进行信号与系统分析的方法称为复频域(s 域)分析法。

　　由于实际物理系统中的信号都是有始信号，即 $t < 0$ 时，$f(t) = 0$，以及信号虽然不起始于 $t = 0$ 而问题的讨论只要考虑 $t \geqslant 0$ 的部分，在这种情况下，式(4-6)可以改写为

$$F(s) = \int_{0_-}^{\infty} f(t) e^{-st} \, dt \qquad (4-9)$$

式(4-9)称为 $f(t)$ 的单边拉普拉斯变换，式中积分下限用 0_- 而不用 0_+，目的是把出现在 $t = 0$ 处的冲激信号包含到积分中去。单边拉普拉斯反变换仍是式(4-7)后面附加 $t \geqslant 0$ 条件即可。以后只讨论单边拉普拉斯变换，下面提及的拉普拉斯变换，都是指单边拉普拉斯

变换而言。

4.1.2 常用信号的拉普拉斯变换

下面给出一些常用信号的拉普拉斯变换(假定这些单边信号均起始于 $t=0$ 时刻)。

1. 冲激信号

$$\mathscr{L}[\delta(t)] = \int_{0_-}^{\infty} \delta(t)\mathrm{e}^{-st}\,\mathrm{d}t = \int_0^{\infty}\delta(t)\mathrm{d}t = 1$$

即

$$\delta(t) \overset{\mathscr{L}}{\longleftrightarrow} 1 \tag{4-10}$$

$$\delta'(t) \overset{\mathscr{L}}{\longleftrightarrow} s \tag{4-11}$$

2. 阶跃信号 $u(t)$

$$\mathscr{L}[u(t)] = \int_0^{\infty} u(t)\mathrm{e}^{-st}\,\mathrm{d}t = \frac{1}{s} \tag{4-12}$$

3. 指数函数信号 $\mathrm{e}^{-at}u(t)$

$$\mathscr{L}[\mathrm{e}^{-at}u(t)] = \int_0^{\infty}\mathrm{e}^{-at}u(t)\cdot\mathrm{e}^{-st}\,\mathrm{d}t = \frac{1}{s+\alpha} \tag{4-13}$$

4. t 的正幂信号 $t^nu(t)$(n 为正整数)

$$\mathscr{L}[t^nu(t)] = \int_0^{\infty}t^nu(t)\mathrm{e}^{-st}\,\mathrm{d}t$$

令 $x=t^n$,$\mathrm{d}x=nt^{n-1}\,\mathrm{d}t$ 有

$$\mathrm{d}y = \mathrm{e}^{-st}\,\mathrm{d}t,\qquad y=\int\mathrm{e}^{-st}\,\mathrm{d}t=-\frac{1}{s}\mathrm{e}^{-st}$$

则有

$$\int_0^{\infty}t^nu(t)\mathrm{e}^{-st}\,\mathrm{d}t = \left[t^n\cdot\frac{(-1)}{s}\mathrm{e}^{-st}\right]_0^{\infty} + \int_0^{\infty}\frac{1}{s}\mathrm{e}^{-st}nt^{n-1}u(t)\mathrm{d}t$$

$$= \frac{n}{s}\int_0^{\infty}t^{n-1}\mathrm{e}^{-st}u(t)\mathrm{d}t = \frac{n}{s}\mathscr{L}[t^{n-1}]$$

所以

$$\mathscr{L}[t^nu(t)] = \frac{n}{s}\cdot\mathscr{L}[t^{n-1}u(t)] = \frac{n(n-1)}{s^2}\cdot\mathscr{L}[t^{n-2}u(t)]$$

$$= \frac{n(n-1)(n-2)\cdots 2\cdot 1}{s^n}\cdot\mathscr{L}[t^0u(t)] = \frac{n!}{s^{n+1}} \tag{4-14}$$

5. 余弦信号 $\cos\omega_0 tu(t)$

$$\mathscr{L}[\cos\omega_0 tu(t)] = \frac{1}{2}\mathscr{L}[\mathrm{e}^{\mathrm{j}\omega_0 t}] + \frac{1}{2}\mathscr{L}[\mathrm{e}^{-\mathrm{j}\omega_0 t}]$$

$$= \frac{1}{2}\left(\frac{1}{s-\mathrm{j}\omega_0}+\frac{1}{s+\mathrm{j}\omega_0}\right) = \frac{s}{s^2+\omega_0^2} \tag{4-15}$$

6. 正弦信号 $\sin\omega_0 tu(t)$(以下过程略)

$$\sin\omega_0 tu(t) \overset{\mathscr{L}}{\longleftrightarrow} \frac{\omega_0}{s^2+\omega_0^2} \tag{4-16}$$

7. 衰减余弦信号 $e^{-at}\cos\omega_0 tu(t)$

$$\mathscr{L}\left[e^{-at}\cdot\cos\omega_0 tu(t)\right]=\frac{1}{2}\mathscr{L}\left[e^{-(a+j\omega_0)t}\right]+\frac{1}{2}\mathscr{L}\left[e^{-(a-j\omega_0)t}\right]$$

$$=\frac{1}{2}\left(\frac{1}{s+\alpha-j\omega_0}+\frac{1}{s+\alpha+j\omega_0}\right)$$

$$=\frac{s+\alpha}{(s+\alpha)^2+\omega_0^2}$$

$$e^{-at}\cos\omega_0 tu(t)\xleftrightarrow{\mathscr{L}}\frac{s+\alpha}{(s+\alpha)^2+\omega_0^2} \tag{4-17}$$

8. 衰减正弦信号 $e^{-at}\sin\omega_0 tu(t)$（以下过程略）

$$e^{-at}\sin\omega_0 tu(t)\xleftrightarrow{\mathscr{L}}\frac{\omega_0}{(s+\alpha)^2+\omega_0^2} \tag{4-18}$$

表 4-1 给出了常用拉普拉斯变换对。

表 4-1　常用拉普拉斯变换对

序号	信　号	变　换	收敛域
1	$\delta(t)$	1	s 平面
2	$u(t)$	$\dfrac{1}{s}$	$\sigma>0$
3	$-u(-t)$	$\dfrac{1}{s}$	$\sigma<0$
4	$e^{-at}u(t)$	$\dfrac{1}{s+\alpha}$	$\sigma>-\alpha$
5	$-e^{-at}u(-t)$	$\dfrac{1}{s+\alpha}$	$\sigma<-\alpha$
6	$te^{-at}u(t)$	$\dfrac{1}{(s+\alpha)^2}$	$\sigma>-\alpha$
7	$t^n e^{-at}u(t)$	$\dfrac{n!}{(s+\alpha)^{n+1}}$	$\sigma>-\alpha$
8	$t\cdot\cos\omega_0 tu(t)$	$\dfrac{s^2-\omega_0^2}{(s^2+\omega_0^2)^2}$	$\sigma>0$
9	$t\cdot\sin\omega_0 tu(t)$	$\dfrac{2\omega_0 s}{(s^2+\omega_0^2)^2}$	$\sigma>0$
10	$\cos\omega_0 tu(t)$	$\dfrac{s}{s^2+\omega_0^2}$	$\sigma>0$
11	$\sin\omega_0 tu(t)$	$\dfrac{\omega_0}{s^2+\omega_0^2}$	$\sigma>0$
12	$e^{-at}\cos\omega_0 tu(t)$	$\dfrac{s+\alpha}{(s+\alpha)^2+\omega_0^2}$	$\sigma>-\alpha$
13	$e^{-at}\sin\omega_0 tu(t)$	$\dfrac{\omega_0}{(s+\alpha)^2+\omega_0^2}$	$\sigma>-\alpha$

4.2　拉普拉斯变换的性质

在利用拉普拉斯变换法进行计算时，掌握好拉普拉斯变换的各种性质是很重要的，它往往使拉氏正反变换的运算变得十分简洁、方便。

1. 线性特性

若 $f_1(t) \overset{\mathscr{L}}{\longleftrightarrow} F_1(s)$，$f_2(t) \overset{\mathscr{L}}{\longleftrightarrow} F_2(s)$，则

$$af_1(t) + bf_2(t) \overset{\mathscr{L}}{\longleftrightarrow} aF_1(s) + bF_2(s) \tag{4-19}$$

式中，a、b 为任意常数。

【**例 4-1**】 已知 $f_1(t) \overset{\mathscr{L}}{\longleftrightarrow} F_1(s) = \dfrac{1}{s+1}$；$\sigma > -1$

$$f_2(t) \overset{\mathscr{L}}{\longleftrightarrow} F_2(s) = \frac{1}{(s+1)(s+2)}; \quad \sigma > -1$$

求 $f_1(t) - f_2(t)$ 的拉普拉斯变换。

解
$$F(s) = F_1(s) - F_2(s) = \frac{1}{s+1} - \frac{1}{(s+1)(s+2)}$$

$$= \frac{s+1}{(s+1)(s+2)} = \frac{1}{s+2}$$

2. 时移特性

若 $f(t) \overset{\mathscr{L}}{\longleftrightarrow} F(s)$，则

$$f(t - t_0) \overset{\mathscr{L}}{\longleftrightarrow} e^{-st_0} F(s) \qquad t_0 > 0 \tag{4-20}$$

【**例 4-2**】 求图 4-1 所示时间函数 $u(t-1)$ 的拉普拉斯变换。

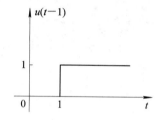

图 4-1 例 4-2 的 $u(t-1)$图

解 因为 $u(t) \overset{\mathscr{L}}{\longleftrightarrow} \dfrac{1}{s}$，由时移特性得

$$\mathscr{L}[u(t-1)] = e^{-s} \cdot \frac{1}{s}$$

3. 复频移特性

若 $f(t) \overset{\mathscr{L}}{\longleftrightarrow} F(s)$，则

$$e^{\pm s_0 t} f(t) \overset{\mathscr{L}}{\longleftrightarrow} F(s \mp s_0) \tag{4-21}$$

【**例 4-3**】 试求 $f(t) = e^{-at} \cos\omega_0 t \cdot u(t)$ 的拉普拉斯变换。

解 因为

$$\mathscr{L}[\cos\omega_0 t \cdot u(t)] = \frac{s}{s^2 + \omega_0^2}$$

利用复频移特性得

$$\mathscr{L}[e^{-at} \cos\omega_0 t \cdot u(t)] = \frac{s + \alpha}{(s + \alpha)^2 + \omega_0^2}$$

4. 尺度变换

若 $f(t) \xleftrightarrow{\mathscr{L}} F(s)$，则

$$f(at) \xleftrightarrow{\mathscr{L}} \frac{1}{a}F\left(\frac{s}{a}\right) \qquad a > 0 \tag{4-22}$$

证明　$\mathscr{L}[f(at)] = \int_{-\infty}^{\infty} f(at)\mathrm{e}^{-st}\,\mathrm{d}t = \int_{-\infty}^{\infty} f(\tau)\mathrm{e}^{-\frac{s\tau}{a}}\,\mathrm{d}\left(\frac{\tau}{a}\right)$

$$= \frac{1}{a}\int_{-\infty}^{\infty} f(\tau)\mathrm{e}^{-\frac{s\tau}{a}}\,\mathrm{d}(\tau) = \frac{1}{a}F\left(\frac{s}{a}\right)$$

【例 4 - 4】　已知 $f(t) \xleftrightarrow{\mathscr{L}} F(s)$，若 $a>0$，$b>0$，求 $f(at-b)u(at-b)(a>0, b\geqslant0)$的拉普拉斯变换。

解　（方法一）先由时移特性得

$$f(t-b)u(t-b) \xleftrightarrow{\mathscr{L}} F(s)\mathrm{e}^{-bs}$$

再用展缩特性得

$$f(at-b)u(at-b) \xleftrightarrow{\mathscr{L}} \frac{1}{a}F\left(\frac{s}{a}\right)\mathrm{e}^{-s\frac{b}{a}}$$

（方法二）先由展缩特性得

$$f(at)u(at) \xleftrightarrow{\mathscr{L}} \frac{1}{a}F\left(\frac{s}{a}\right)$$

再用时移特性得

$$f\left[a\left(t-\frac{b}{a}\right)\right]u\left[a\left(t-\frac{b}{a}\right)\right] \xleftrightarrow{\mathscr{L}} \frac{1}{a}F\left(\frac{s}{a}\right)\mathrm{e}^{-s\frac{b}{a}}$$

$$f(at-b)u(at-b) \xleftrightarrow{\mathscr{L}} \frac{1}{a}F\left(\frac{s}{a}\right)\mathrm{e}^{-s\frac{b}{a}}$$

5. 卷积特性

若 $f_1(t) \xleftrightarrow{\mathscr{L}} F_1(s)$，$f_2(t) \xleftrightarrow{\mathscr{L}} F_2(s)$，则

$$f_1(t) * f_2(t) \xleftrightarrow{\mathscr{L}} F_1(s)F_2(s) \tag{4-23}$$

【例 4 - 5】　已知

$$f_1(t) = \mathrm{e}^{-\lambda t}u(t) \qquad \sigma > -\lambda$$

$$f_2(t) = u(t) \qquad \sigma > 0$$

求 $f_1(t) * f_2(t)$ 的拉普拉斯变换，此时 $f_1(t)$、$f_2(t)$ 皆为正时域函数。

解　$$f_1(t) = \mathrm{e}^{-\lambda t}u(t) \xleftrightarrow{\mathscr{L}} \frac{1}{s+\lambda}$$

$$f_2(t) = u(t) \xleftrightarrow{\mathscr{L}} \frac{1}{s}$$

所以

$$f_1(t) * f_2(t) \xleftrightarrow{\mathscr{L}} F_1(s)F_2(s) = \frac{1}{s+\lambda} \cdot \frac{1}{s} = \frac{1}{\lambda}\left(\frac{1}{s} - \frac{1}{s+\lambda}\right) \qquad \sigma > 0$$

6. 时域微分

若 $f(t) \xleftrightarrow{\mathscr{L}} F(s)$，则

$$\frac{\mathrm{d}f(t)}{\mathrm{d}t} \xleftrightarrow{\mathscr{L}} sF(s) - f(0_-) \tag{4-24}$$

即
$$\frac{\mathrm{d}^n f(t)}{\mathrm{d}t} \overset{\mathscr{L}}{\longleftrightarrow} s^n F(s) - s^{n-1} f(0_-) - s^{n-2} f'(0_-) - \cdots - f^{(n-1)}(0_-) \qquad (4-25)$$

【**例 4 - 6**】 已知 $f_1(t) = \mathrm{e}^{-at} u(t)$，$f_2(t) = \begin{cases} \mathrm{e}^{-at} & t>0 \\ -1 & t<0 \end{cases}$，分析如图 4 - 2(a)、(b)所示两信号，试求 $f_1'(t)$、$f_2'(t)$ 的拉普拉斯变换。

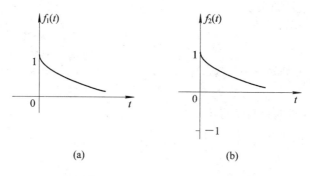

(a)   (b)

图 4 - 2 例 4 - 6 中两信号波形

解 因为
$$\frac{\mathrm{d}f_1(t)}{\mathrm{d}t} = \delta(t) - \alpha \mathrm{e}^{-at} u(t)$$

所以
$$\mathscr{L}\left[\frac{\mathrm{d}f_1(t)}{\mathrm{d}t}\right] = 1 - \frac{\alpha}{s+\alpha} = \frac{s}{s+\alpha} = s F_1(s)$$

而
$$\frac{\mathrm{d}f_2(t)}{\mathrm{d}t} = 2\delta(t) - \alpha \mathrm{e}^{-at} u(t)$$

所以
$$\mathscr{L}\left[\frac{\mathrm{d}f_2(t)}{\mathrm{d}t}\right] = 2 - \frac{\alpha}{s+\alpha} = \frac{s}{s+\alpha} + 1 = s F_2(s) - f(0_-)$$

式中，$F_2(s) = F_1(s) = \dfrac{1}{s+\alpha}$，$f(0_-) = -1$。

7. 时域积分

若 $f(t) \overset{\mathscr{L}}{\longleftrightarrow} F(s)$，则
$$\int_{0_-}^{t} f(\tau)\mathrm{d}\tau \overset{\mathscr{L}}{\longleftrightarrow} \frac{1}{s} F(s) \qquad (4-26)$$

即
$$\int_{-\infty}^{t} f(\tau)\mathrm{d}\tau \overset{\mathscr{L}}{\longleftrightarrow} \frac{1}{s} F(s) + \frac{1}{s} f^{(-1)}(0_-) \qquad (4-27)$$

【**例 4 - 7**】 试通过阶跃信号 $u(t)$ 的积分求斜坡信号 $tu(t)$ 及 $t^n u(t)$ 的拉普拉斯变换。

解 因为
$$\mathscr{L}[u(t)] = \frac{1}{s}$$

而奇异信号之间的微积分关系有

$$tu(t) = \int_{0_-}^{t} u(\tau)\mathrm{d}\tau$$

所以

$$\mathscr{L}[tu(t)] = \frac{1}{s}\left(\frac{1}{s}\right) = \frac{1}{s^2}$$

则

$$\mathscr{L}[t^n u(t)] = \frac{n!}{s^{n+1}}$$

8. s 域微分

若 $f(t) \overset{\mathscr{L}}{\longleftrightarrow} F(s)$，则

$$-tf(t) \overset{\mathscr{L}}{\longleftrightarrow} \frac{\mathrm{d}F(s)}{\mathrm{d}s} \tag{4-28}$$

【例 4 - 8】　求 $f_1(t) = t\mathrm{e}^{-at}u(t)$ 的拉普拉斯变换。

解　已知

$$\mathrm{e}^{-at}u(t) \overset{\mathscr{L}}{\longleftrightarrow} \frac{1}{s+\alpha}, \ \sigma > -\alpha$$

由式(4 - 28)得

$$-t\mathrm{e}^{-at}u(t) \overset{\mathscr{L}}{\longleftrightarrow} \frac{\mathrm{d}}{\mathrm{d}s}\left[\frac{1}{s+\alpha}\right] = \frac{-1}{(s+\alpha)^2}$$

则

$$t\mathrm{e}^{-at}u(t) \overset{\mathscr{L}}{\longleftrightarrow} \frac{1}{(s+\alpha)^2} \qquad \sigma > -\alpha$$

9. 时域卷积

若 $f_1(t) \overset{\mathscr{L}}{\longleftrightarrow} F_1(s)$，$f_2(t) \overset{\mathscr{L}}{\longleftrightarrow} F_2(s)$，则
$$f_1(t) * f_2(t) \overset{\mathscr{L}}{\longleftrightarrow} F_1(s) \cdot F_2(s) \tag{4-29}$$

10. 初值定理

若 $\mathscr{L}[f(t)] = F(s)$ 且 $\lim\limits_{s\to\infty}[sF(s)]$ 存在，则 $f(t)$ 的初值为
$$f(0_+) = \lim_{t\to 0_+} f(t) = \lim_{s\to\infty}[s \cdot F(s)] \tag{4-30}$$

11. 终值定理

若 $\mathscr{L}[f(t)] = F(s)$ 且 $\lim\limits_{t\to\infty}[f(t)]$ 存在，则 $f(t)$ 的终值为
$$f(\infty) = \lim_{t\to\infty} f(t) = \lim_{s\to 0_+}[s \cdot F(s)] \tag{4-31}$$

【例 4 - 9】　已知复频域 $F(s) = \dfrac{1}{s+1}$，试求时域中 $f(t)$ 的初值和终值。

解　根据初值定理和终值定理得

$$f(0_+) = \lim_{s\to\infty}[s \cdot F(s)] = \lim_{s\to\infty}\frac{s}{s+1} = 1$$

$$f(\infty) = \lim_{s\to 0}[s \cdot F(s)] = \lim_{s\to 0}\frac{s}{s+1} = 0$$

表 4 - 2 给出了拉普拉斯变换的性质。

表 4 – 2　拉普拉斯变换的性质

	名称	时　　域	s 域
1	线性特性	$af_1(t)+bf_2(t)$	$aF_1(s)+bF_2(s)$
2	时移特性	$f(t-t_0)u(t-t_0)$，$t_0>0$	$\mathrm{e}^{-st_0}F(s)$
3	s 域特性	$\mathrm{e}^{s_0t}f(t)$	$F(s-s_0)$
4	展缩特性	$f(at)$，$a>0$	$\dfrac{1}{a}F\left(\dfrac{s}{a}\right)$
5	时域微分	$\dfrac{\mathrm{d}f(t)}{\mathrm{d}t}$	$sF(s)-f(0_-)$
6	时域积分	$\displaystyle\int_{-\infty}^{t}f(\tau)\mathrm{d}\tau$	$\dfrac{1}{s}F(s)+\dfrac{1}{s}f^{(-1)}(0_-)$
7	卷积特性	$f_1(t)*f_2(t)$	$F_1(s)F_2(s)$
8	s 域微分	$-tf(t)$	$\dfrac{\mathrm{d}F(s)}{\mathrm{d}s}$
9	时域乘积	$f_1(t)f_2(t)$	$\dfrac{1}{2\pi\mathrm{j}}\left[F_1(s)*F_2(s)\right]$
10	初值定理	$f(0_+)=\lim\limits_{s\to\infty}[s\cdot F(s)]$，$\lim\limits_{s\to\infty}[s\cdot F(s)]$存在，$F(s)$为真分式	
11	终值定理	$f(\infty)=\lim\limits_{s\to0_+}[s\cdot F(s)]$，$\lim\limits_{t\to\infty}[f(t)]$存在，$s=0$ 在收敛域内	

4.3　拉普拉斯反变换

　　所谓拉普拉斯反变换，就是从信号的拉普拉斯变换式 $F(s)$ 求取信号的时域函数 $f(t)$。为了表达方便，习惯上称时域函数 $f(t)$ 为信号的原函数，称复频域函数 $F(s)$ 为信号的象函数。

　　拉普拉斯反变换的计算方法可以有三种：一是根据常用拉普拉斯变换表及性质直接求得拉普拉斯反变换，对于一些简单的象函数可以直接这样运算。二是留数法，根据拉普拉斯反变换的定义公式(4 – 7)，时域函数 $f(t)$ 可以用一个复指数信号的加权积分表示，积分路径是一个在 s 平面内平行于 $\mathrm{j}\omega$ 轴的直线，当 $F(s)$ 满足一定条件时，可以将以上积分变为围线积分，利用复变函数中的留数定理来求得时域信号。三是部分分式展开法，当 $F(s)$ 为有理分式时，$F(s)$ 可以表示为两个多项式之比，为此可以用部分分式展开法进行反变换的运算。本节主要介绍部分分式展开法。

　　如果 $F(s)$ 是 s 的实系数有理真分式(式中 $m<n$)，则可写为

$$F(s)=\frac{B(s)}{A(s)}=\frac{b_ms^m+b_{m-1}s^{m-1}+\cdots+b_1s+b_0}{a_ns^n+a_{n-1}s^{n-1}+\cdots+a_1s+a_0}\qquad(4-32)$$

式中，分母多项式 $A(s)$ 称为系统的特征多项式，方程 $A(s)=0$ 称为特征方程，它的根称为特征根，也称为系统的固有频率。

　　为将 $F(s)$ 展开为部分分式，要先求出特征方程的 n 个特征根 $s_i(i=1,2,\cdots,n)$，s_i 称

为 $F(s)$ 的极点。特征根可能是实根（含零根）或复根（含虚根）；可能是单根，也可能是重根。下面分几种情况讨论。

1. $F(s)$ 有单极点（特征根为单根）

如果方程 $A(s)=0$ 的根都是单根，其 n 个根 s_1、s_2、$\cdots$、s_n 都互不相等，那么根据代数理论，$F(s)$ 可展开为如下的部分分式：

$$F(s) = \frac{B(s)}{A(s)} = \frac{1}{a_n}\left[\frac{K_1}{s-s_1} + \frac{K_2}{s-s_2} + \cdots + \frac{K_i}{s-s_i} + \cdots + \frac{K_n}{s-s_n}\right] = \frac{1}{a_n}\sum_{i=1}^{n}\frac{K_i}{s-s_i}$$

$$(4-33)$$

待定系数 K_i 可用如下方法求得。将式(4-33)等号两端同乘以 $s-s_i$，得

$$(s-s_i)F(s) = \frac{(s-s_i)B(s)}{A(s)}$$

$$= \frac{1}{a_n}\left[\frac{(s-s_i)K_1}{s-s_1} + \cdots + K_i + \cdots + \frac{(s-s_i)K_n}{s-s_n}\right]$$

当 $s\to s_i$ 时，由于各根均不相等，故等号右端除 K_i 一项外均趋近于零，于是得

$$K_i = a_n(s-s_i)F(s)\,|_{s=s_i} = \lim_{s\to s_i}\left[a_n(s-s_i)\frac{B(s)}{A(s)}\right]$$

$$= \left[a_n(s-s_i)\frac{B(s)}{A(s)}\right]_{s=s_i}$$

$$(4-34)$$

由 $\mathscr{L}^{-1}\left[\dfrac{1}{s-s_i}\right]=\mathrm{e}^{s_it}$，并利用线性特性，可得式(4-33)的原函数为

$$f(t) = \mathscr{L}^{-1}[F(s)] = \frac{1}{a_n}\sum_{i=1}^{n}K_i\mathrm{e}^{s_it}u(t)$$

$$(4-35)$$

式(4-35)中系数可由式(4-34)求得。

【例 4-10】 求 $F(s)=\dfrac{s+4}{s^3+3s^2+2s}$ 的原函数 $f(t)$。

解　函数 $F(s)$ 的分母多项式 $A(s)=s^3+3s^2+2s=s(s+1)(s+2)$，方程 $A(s)=0$ 有三个单实根 $s_1=0$、$s_2=-1$、$s_3=-2$，用式(4-34)可求得各系数为

$$K_1 = s\cdot\frac{s+4}{s(s+1)(s+2)}\bigg|_{s=0} = 2$$

$$K_2 = (s+1)\cdot\frac{s+4}{s(s+1)(s+2)}\bigg|_{s=-1} = -3$$

$$K_3 = (s+2)\cdot\frac{s+4}{s(s+1)(s+2)}\bigg|_{s=-2} = 1$$

所以

$$F(s) = \frac{s+4}{s(s+1)(s+2)} = \frac{2}{s} - \frac{3}{s+1} + \frac{1}{s+2}$$

取其反变换，得

$$f(t) = 2 - 3\mathrm{e}^{-t} + \mathrm{e}^{-2t},\quad t\geqslant 0$$

或

$$f(t) = (2 - 3\mathrm{e}^{-t} + \mathrm{e}^{-2t})u(t)$$

2. $F(s)$ 有共轭单极点（特征根为共轭单根）

方程 $A(s)=0$ 若有复数根（或虚根），它们必共轭成对，否则，多项式 $A(s)$ 的系数中必

有一部分是复数或虚数，而不可能全为实数。

【例 4 - 11】 求 $F(s) = \dfrac{s+2}{s^2+2s+2}$ 的原函数 $f(t)$。

解 部分分式法

函数 $F(s)$ 的分母多项式

$$A(s) = s^2 + 2s + 2 = (s+1-j)(s+1+j)$$

方程 $A(s)=0$ 有三个单实根 $s_{1,2} = -1 \pm j$，用式（4 - 34）可求得各系数为

$$K_1 = \frac{B(s_1)}{A'(s_1)} = \frac{s+2}{2s+2}\bigg|_{s=-1+j} = \frac{1+j}{j2} = \frac{\sqrt{2}}{2}e^{-j\frac{\pi}{4}}$$

$$K_2 = \frac{B(s_2)}{A'(s_2)} = \frac{s+2}{2s+2}\bigg|_{s=-1-j} = \frac{1-j}{j2} = \frac{\sqrt{2}}{2}e^{j\frac{\pi}{4}}$$

系数 K_1、K_2 也为互共轭复数。$F(s)$ 可展开为

$$F(s) = \frac{s+2}{s^2+2s+2} = \frac{\dfrac{\sqrt{2}}{2}e^{-j\frac{\pi}{4}}}{s+1-j} + \frac{\dfrac{\sqrt{2}}{2}e^{j\frac{\pi}{4}}}{s+1+j}$$

取反变换得

$$f(t) = \left[\frac{\sqrt{2}}{2}e^{-j\frac{\pi}{4}}e^{(-1+j)t} + \frac{\sqrt{2}}{2}e^{j\frac{\pi}{4}}e^{(-1-j)t}\right]u(t)$$

$$= \frac{\sqrt{2}}{2}e^{-t}\left[e^{j\left(t-\frac{\pi}{4}\right)} + e^{-j\left(t-\frac{\pi}{4}\right)}\right]u(t)$$

$$= \sqrt{2}e^{-t}\cos\left(t-\frac{\pi}{4}\right)u(t)$$

配方法

$$\frac{s+2}{s^2+2s+2} = \frac{s+2}{(s+1)^2+1} = \frac{s+1}{(s+1)^2+1} + \frac{1}{(s+1)^2+1}$$

$$f(t) = \mathscr{L}^{-1}\left[\frac{s+2}{s^2+2s+2}\right] = \mathscr{L}^{-1}\left[\frac{s+1}{(s+1)^2+1} + \frac{1}{(s+1)^2+1}\right]$$

$$= (e^{-t}\cos t + \sin t)u(t) = \sqrt{2}e^{-t}\cos\left(t-\frac{\pi}{4}\right)u(t)$$

【例 4 - 12】 求 $F(s) = \dfrac{s+3}{s^3+3s^2+6s+4}$ 的原函数 $f(t)$。

解 因为

$$A(s) = s^3 + 3s^2 + 6s + 4 = (s+1)(s^2+2s+4)$$

所以

$$F(s) = \frac{s+3}{(s+1)(s^2+2s+4)} = \frac{A}{s+1} + \frac{Bs+C}{s^2+2s+4}$$

解之得

$$A = (s+1)F(s)\,|_{s=-1} = \frac{s+3}{s^2+2s+4}\bigg|_{s=-1} = \frac{2}{3}$$

又左右两边分子常数项相等，得

$$3 = 4A + C$$

解之得

$$C = \frac{1}{3}$$

同理

$$1 = B + 2A + C$$

得

$$B = -\frac{2}{3}$$

所以

$$F(s) = \frac{\frac{2}{3}}{s+1} + \frac{-\frac{2}{3}s + \frac{1}{3}}{s^2 + 2s + 4}$$

又

$$F(s) = \frac{3}{s+1} - \frac{2}{3} \frac{(s+1)}{(s+1)^2 + 3} + \frac{\sqrt{3}}{3} \frac{\sqrt{3}}{(s+1)^2 + 3}$$

$$f(t) = \mathscr{L}^{-1}[F(s)] = \frac{2}{3}\mathrm{e}^{-t} - \frac{2}{3}\mathrm{e}^{-t}\cos\sqrt{3}t + \frac{\sqrt{3}}{3}\mathrm{e}^{-t}\sin\sqrt{3}t \qquad (t \geqslant 0)$$

3. $F(s)$ 有重极点（特征根为重根）

如果 $A(s)=0$ 在 $s=s_i$ 处有 r 重根，即 $s_1 = s_2 = \cdots = s_r$，而其余 $(n-r)$ 个根 s_{r+1}、$\cdots$、s_n 都不等于 s_1。则象函数 $F(s)$ 的展开式可写为

$$\begin{aligned}
F(s) = \frac{B(s)}{A(s)} &= \frac{1}{a_n}\left[\frac{K_{11}}{(s-s_1)^r} + \frac{K_{12}}{(s-s_1)^{r-1}} + \cdots + \frac{K_{1r}}{s-s_1} + \frac{B_2(s)}{A_2(s)} \right] \\
&= \frac{1}{a_n}\sum_{i=1}^{n}\frac{K_{1i}}{(s-s_1)^{r+1-i}} + \frac{1}{a_n}\frac{B_2(s)}{A_2(s)} \\
&= F_1(s) + F_2(s)
\end{aligned} \qquad (4-36)$$

式中，$F_2(s) = \dfrac{1}{a_n}\dfrac{B_2(s)}{A_2(s)}$ 是除重根以外的项，且当 $s=s_1$ 时，$A_2(s_1) \neq 0$。各系数 K_{1i}（$i=1$，2，$\cdots$，r）可这样求得，将式（4-36）等号两端同乘以 $(s-s_1)^r$，得

$$(s-s_1)^r F(s) = \frac{1}{a}\left[K_{11} + (s-s_1)K_{12} + \cdots + (s-s_1)^{r-1}K_{1r} + (s-s_1)^r\frac{B_2(s)}{A_2(s)} \right]$$

$$(4-37)$$

令 $s=s_1$，得

$$K_{11} = a_n\left[(s-s_1)^r F(s)\right]\big|_{s=s_1} \qquad (4-38)$$

将式（4-37）对 s 求导，得

$$\frac{\mathrm{d}}{\mathrm{d}s}\left[(s-s_1)^r F(s)\right] = \frac{1}{a_n}\left\{ K_{12} + \cdots + (r-1)(s-s_1)^{r-2}K_{1r} + \frac{\mathrm{d}}{\mathrm{d}s}\left[(s-s_1)^r\frac{B_2(s)}{A_2(s)}\right] \right\}$$

令 $s=s_1$，得

$$K_{12} = \frac{\mathrm{d}}{\mathrm{d}s}\left[a_n(s-s_1)^r F(s)\right]\big|_{s=s_1} \qquad (4-39)$$

依次类推，可得（式中 $i=1$，2，$\cdots$，r）

$$K_{1i} = \frac{a_n}{(i-1)!} \frac{\mathrm{d}^{i-1}}{\mathrm{d}s^{i-1}} \left[(s - s_1)^r F(s) \right] \big|_{s=s_1} \qquad (4-40)$$

【例 4 – 13】 求 $F(s) = \dfrac{s+3}{(s+1)^3(s+2)}$ 的原函数 $f(t)$。

解 方程 $A(s)=0$ 有三重根 $s_1 = s_2 = s_3 = -1$ 和单根 $s_4 = -2$。故 $F(s)$ 的展开式为

$$F(s) = \frac{K_{11}}{(s+1)^3} + \frac{K_{12}}{(s+1)^2} + \frac{K_{13}}{s+1} + \frac{K_4}{s+2}$$

用式(4 – 40)和式(4 – 34)可求得各系数 $K_{1i}(i=1, 2, 3)$ 和 K_4。

$$K_{11} = (s+1)^3 F(s) \big|_{s=-1} = 2$$

$$K_{12} = \frac{\mathrm{d}}{\mathrm{d}s}(s+1)^3 F(s) \big|_{s=-1} = -1$$

$$K_{13} = \frac{1}{2!} \frac{\mathrm{d}^2}{\mathrm{d}s^2}(s+1)^3 F(s) \big|_{s=-1} = 1$$

$$K_4 = (s+2)F(s) \big|_{s=-2} = -1$$

所以

$$F(s) = \frac{2}{(s+1)^3} - \frac{1}{(s+1)^2} + \frac{1}{s+1} - \frac{1}{s+2}$$

取反变换得

$$f(t) = \left[(t^2 - t + 1)\mathrm{e}^{-t} - \mathrm{e}^{-2t} \right] u(t)$$

4.4　连续时间系统的复频域分析法

拉普拉斯变换是分析线性连续时间系统的有力工具，它是分析线性时不变系统非常有效的方法，这些优点是：

(1) 拉普拉斯变换可以把描述 LTI 系统的微分方程变换为 s 域的代数方程，这样便于求解。

(2) 它将系统的初始状态自然地含于象函数方程中，既可分别求得零输入响应、零状态响应，也可求得系统的全响应。

(3) 在进行电路分析时，电阻 R、电感 L、电容 C 等每个元件都有相应的复频域模型，因此可以直接根据元件 s 的模型求得电路方程的变换形式。

4.4.1　微分方程 s 域解法

给定一个电路以及输入信号求输出响应，这是最基本的电路分析问题。求解步骤是：首先列出输入、系统及响应之间的微分方程，如果系统是 LTI 系统，则列出的是常系数线性微分方程，然后解此方程。方法是第 2 章介绍的经典解法或零输入与零状态的解法，用拉普拉斯变换法解决此问题就是把所列的微分方程双边进行拉普拉斯变换，用代数方法求得响应函数的象函数；最后运用适当的方法求得输出的响应。

【例 4 – 14】 描述某 LTI 连续系统的微分方程为

$$y''(t) + 3y'(t) + 2y(t) = 2f'(t) + 6f(t)$$

已知输入 $f(t) = u(t)$，初始状态 $y(0_-) = 2$、$y'(0_-) = 1$。求系统的零输入响应、零状态响

应和全响应。

解　对微分方程取拉普拉斯变换，有

$$s^2Y(s) - sy(0_-) - y'(0_-) + 3sY(s) - 3y(0_-) + 2Y(s) = 2sF(s) + 6F(s)$$

即

$$(s^2 + 3s + 2)Y(s) - [sy(0_-) + y'(0_-) + 3y(0_-)] = 2(s+3)F(s)$$

可解得

$$Y(s) = Y_x(s) + Y_f(s) = \frac{sy(0_-) + y'(0_-) + 3y(0_-)}{s^2 + 3s + 2} + \frac{2(s+3)}{s^2 + 3s + 2}F(s)$$

将 $F(s) = \mathcal{L}[u(t)] = \dfrac{1}{s}$ 和各初始值代入上式得

$$Y_x(s) = \frac{2s+7}{s^2 + 3s + 2} = \frac{2s+7}{(s+1)(s+2)} = \frac{5}{s+1} - \frac{3}{s+2}$$

$$Y_f(s) = \frac{2(s+3)}{s^2 + 3s + 2} \cdot \frac{1}{s} = \frac{2(s+3)}{s(s+1)(s+2)} = \frac{3}{s} - \frac{4}{s+1} + \frac{1}{s+2}$$

对以上二式取反变换，得零输入响应和零状态响应分别为

$$y_x(t) = \mathcal{L}^{-1}[Y_x(s)] = (5e^{-t} - 3e^{-2t})u(t)$$

$$y_f(t) = \mathcal{L}^{-1}[Y_f(s)] = (3 - 4e^{-t} + e^{-2t})u(t)$$

系统的全响应由

$$y(t) = y_x(t) + y_f(t) = (3 + e^{-t} - 2e^{-2t})u(t)$$

整理后得

$$Y(s) = \frac{2s^2 + 9s + 6}{s(s+1)(s+2)} = \frac{3}{s} + \frac{1}{s+1} - \frac{2}{s+2}$$

【例 4 - 15】　已知电路如图 4 - 3(a)所示。电路的起始状态为零，当开关闭合后，直流电源 E 接入电路，求电流 $i(t)$。

解　首先列出电路的微分方程即

$$L\frac{\mathrm{d}i(t)}{\mathrm{d}t} + Ri(t) + \frac{1}{C}\int i(\tau)\mathrm{d}\tau = Eu(t)$$

因为 $i(0_-) = 0$，$\dfrac{1}{C}\displaystyle\int_{-\infty}^{0_-} i(\tau)\mathrm{d}\tau \mid_{t=0} = 0$，两边进行拉普拉斯变换得

$$LsI(s) + RI(s) + \frac{1}{Cs}I(s) = \frac{E}{s}$$

于是

$$I(s) = \frac{E/s}{Ls + R + \dfrac{1}{sC}} = \frac{E}{L}\frac{1}{\left(s^2 + \dfrac{R}{L}s + \dfrac{1}{LC}\right)}$$

当 $R = 2\ \Omega$，$L = 1\ \text{mH}$，$C = 1000\ \mu\text{F}$，$E = 10\ \text{V}$ 时

$$I(s) = \frac{10}{10^{-3}}\frac{1}{\left(s^2 + \dfrac{2}{10^{-3}}s + \dfrac{1}{10^{-3}\times 10^{-6}}\right)}$$

$$= 10^4 \frac{1}{s^2 + 2\times 10^3 s + 10^6} = \frac{10^4}{(s - P_1)(s - P_2)}$$

其中

$$P_{1,2} = \frac{-2 \times 10^3 \pm \sqrt{4 \times 10^6 - 4 \times 10^6}}{2} = -10^3$$

所以

$$I(s) = 10^4 \frac{1}{(s + 10^3)^2}$$

$$i(t) = 10^4 t e^{-1000t} u(t)$$

$i(t)$的图形如图 4-3(b)所示。

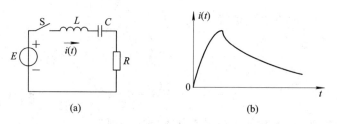

图 4-3　例 4-15 电路图和波形

　　此时电路处于临界阻尼状态，电路不能振荡。由此例可以看出，可以对电路列写微分方程，但不用微分方程的一般解法，而是通过对列出的微分方程两边进行拉普拉斯变换，把微分方程变换为代数方程，这样求解就容易了许多。另一特点就是，如果系统具有初始条件，如初始电感电流或初始电容电压，在进行拉普拉斯变换时已经自动包含在拉普拉斯变换式中，免去了求零输入、零状态计算的麻烦。但从例 4-15 可以看到，当电路复杂、网孔和节点多时，此方程的列写就十分麻烦，是否有更方便的方法呢？下面介绍一种复频域模型法。

4.4.2　电路的 s 域模型解法

　　对于具体电路，可以不必先列出微分方程再取拉普拉斯变换，而是通过导出的复频域电路模型，直接列写求解响应的变换式。下面从电路结构约束和元件约束两方面讨论它们在 s 域的形式。

　　时域的 KCL 方程描述了在任意时刻流出（或流入）任一节点（或割集）电流的方程，它是各电流的一次函数，若各电流 $i_k(t)$ 的象函数为 $I_k(s)$（称其为象电流），则由线性特性有

$$\sum_{k=1}^{n} I_k(s) = 0 \tag{4-41}$$

式(4-41)表明，对任一点（或割集），流出（或流入）该节点的象电流的代数和恒等于零。虽然它是象函数表达式，习惯上仍称其为 KCL。

　　同理，时域的 KVL 方程 $\sum_{k=1}^{n} u_k(t) = 0$ 也是回路中各支路电压的一次函数，若各支路电压 $u_k(t)$ 的象函数为 $U_k(s)$（称其为象电压），则由线性特性有

$$\sum_{k=1}^{n} U_k(s) = 0 \tag{4-42}$$

上式表明，对任一回路，各支路象电压的代数和恒等于零，习惯上同样称其为 KVL。

对于线性非时变二端元件 R、L、C，若规定其端电压 $u(t)$ 与电流 $i(t)$ 为关联参考方向，其相应的象函数分别为 $U(s)$ 和 $I(s)$，那么由拉普拉斯变换的线性和微分、积分性质可得到它们的 s 域模型。

1. 电阻 R

因为时域的电压与电流关系为 $u(t) = R \cdot i(t)$，取拉普拉斯变换有

$$U(s) = RI(s) \quad \text{或} \quad I(s) = \frac{1}{R}U(s) = GU(s) \tag{4-43}$$

2. 自感 L

对于含有初始值 $i_L(0_-)$ 的自感 L，因为时域的电压电流关系有微分形式和积分形式两种，对应的 s 域模型也有两种形式

$$u(t) = L\frac{\mathrm{d}i(t)}{\mathrm{d}t} \xleftrightarrow{\mathscr{L}} U(s) = sLI(s) - Li_L(0_-) \tag{4-44}$$

$$i(t) = i_L(0_-) + \frac{1}{L}\int_{0_-}^{t} u(\tau)\mathrm{d}\tau \xleftrightarrow{\mathscr{L}} I(s) = \frac{1}{sL}U(s) + \frac{i_L(0_-)}{s} \tag{4-45}$$

式 (4-44) 表明，电感端电压的象函数等于两项之差。它是两部分电压相串联，其第一项是 s 域感抗 sL 与象电流 $I(s)$ 的乘积；其第二项相当于某电压源的象函数 $L \cdot i_L(0_-)$，可称之为内部象电压源。这样，自感 L 的 s 域串联形式模型是由感抗 sL 与内部象电压源 $L \cdot i_L(0_-)$ 串联组成，这里应特别注意内部象电压源 $L \cdot i_L(0_-)$ 的极性与 $U(s)$ 相反。

式 (4-45) 表明，象电流 $I(s)$ 等于两项之和。它由两部分电流并联组成，其第一项是感纳 $\frac{1}{sL}$ 与象电压 $U(s)$ 的乘积。其第二项为内部象电流源 $\frac{i_L(0_-)}{s}$。

3. 电容 C

对于含有初始值 $u_C(0_-)$ 的电容 C，用与分析自感 s 域模型类似的方法，同理可得电容 C 的 s 域模型为

$$u(t) = \frac{1}{C}\int_{0_-}^{t} i(\tau)\mathrm{d}\tau + u_C(0_-) \xleftrightarrow{\mathscr{L}} U(s) = \frac{1}{sC}I(s) + \frac{u_C(0_-)}{s} \tag{4-46}$$

$$i(t) = C\frac{\mathrm{d}u(t)}{\mathrm{d}t} \xleftrightarrow{\mathscr{L}} I(s) = sCU(s) - Cu_C(0_-) \tag{4-47}$$

在分析电路问题时，将原电路中已知电压源、电流源都变换成相应的象函数；未知电压、电流也用象函数表示；各电路元件都用其 s 域模型替代（初始状态变换成相应的内部象电源），就可以把时域电路改画成复频域等效电路。对该 s 域电路而言，用以分析计算正弦稳态电路的各种方法（如网孔法、节点法、回路法、割集法、戴维南定理、诺顿定理、叠加定理、最大功率传输定理等）都适用。这样，可按 s 域的电路模型解出所需未知响应的象函数，取其反变换就得到所需的时域响应。需要注意，在作电路的 s 域模型时，应画出其所有的内部象电源，并特别注意其参考方向。

【例 4-16】 试求图 4-4(a) 所示的电流 $i(t)$。已知 $R = 6\ \Omega$，$L = 1\ \mathrm{H}$，$C = 0.04\ \mathrm{F}$，$u_s(t) = 12\sin 5t\ \mathrm{V}$，初始状态 $i_L(0_-) = 5\ \mathrm{A}$，$U_C(0_-) = 1\ \mathrm{V}$。

解　本题 s 域模型如图 4-4(b) 所示，其中

$$U_s(s) = 12 \times \frac{5}{s^2 + 5^2} = \frac{60}{s^2 + 5^2}$$

$$Li_L(0_-) = 1 \times 5 = 5$$

$$\frac{1}{s}U_C(0_-) = \frac{1}{s} \times 1 = \frac{1}{s}$$

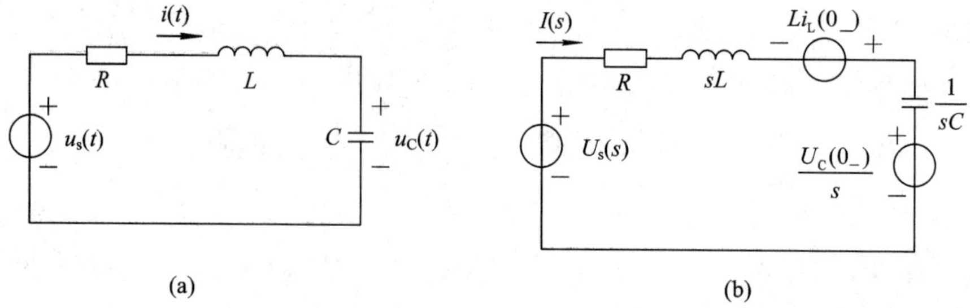

(a)

(b)

图 4 - 4　例 4 - 16 图

由 KVL 可得

$$(R + sL + \frac{1}{sC})I(s) = U_s(s) + Li_L(0_-) - \frac{1}{s}U_C(0_-)$$

由此可得

$$I(s) = \frac{U_s(s)}{R + sL + \frac{1}{sC}} + \frac{L \cdot i_L(0_-) - \frac{1}{s}U_C(0_-)}{R + sL + \frac{1}{sC}} = I_f(s) + I_x(s)$$

其中

$$I_f(s) = \frac{U_s(s)}{R + sL + \frac{1}{sC}}$$

为零状态响应的象函数，是由输入引起的。

$$I_x(s) = \frac{L \cdot i_L(0_-) - \frac{1}{s}U_C(0_-)}{R + sL + \frac{1}{sC}}$$

为零输入响应的象函数，是由初始条件引起的。

先计算 $I_f(s)$，将 R、L、C 的数值代入得

$$I_f(s) = \frac{U_s(s)}{R + sL + \frac{1}{sC}} = \frac{60s}{[(s+3)^2 + 4^2](s^2 + 5^2)}$$

应用部分分式展开式，可写成

$$I_f(s) = \frac{K_1}{s + 3 - j4} + \frac{K_1^*}{s + 3 + j4} + \frac{K_2}{s - j5} + \frac{K_2^*}{s + j5}$$

式中

$$K_1 = (s + 3 - j4)I_f(s)\,|_{s=-3+j4} = j1.25 = 1.25\angle 90°$$

$$K_2 = (s - j5)I_f(s)\,|_{s=j5} = -j = 1\angle -90°$$

求拉普拉斯变换

$$i_f(t) = \mathscr{L}[I_f(s)] = [2.5e^{-3t}\cos(4t + 90°) + 2\cos(5t - 90°)]u(t)$$

$$= (-2.5e^{-3t}\sin 4t + 2\sin 5t)u(t)$$

再计算 $I_x(s)$。将 R、L、C 及 $i_L(0_-)$，$U(0_-)$ 值代入得

$$I_x(s) = \frac{Li_L(0_-) - \frac{1}{s}U_C(0_-)}{R + sL + \frac{1}{sC}} = \frac{5s - 1}{(s+3)^2 + 4^2}$$

$$= \frac{K_3}{s + 3 - j4} + \frac{K_3^*}{s + 4 + j4}$$

且

$$K_3 = (s + 3 - j4)I_x(s) \big|_{s=-3+j4} = 2.5 + j2 = 3.2\angle 38.6°$$

求拉普拉斯反变换

$$i_x(t) = \mathscr{L}^{-1}[I_x(s)] = [6.4e^{-3t}\cos(4t + 38.6°)]$$

$$= 5e^{-3t}\cos 4t - 4e^{-3t}\sin 4t \qquad t \geqslant 0$$

于是完全响应

$$i(t) = i_f(t) + i_x(t) = 5e^{-3t}\cos 4t - 6.5e^{-3t}\sin 4t + 2\sin 5t$$

$$= 8.2e^{-3t}\cos(4t + 52.43°) + 2\sin 5t \ \text{A}, \qquad t > 0$$

【例 4 - 17】 已知电路如图 4 - 5 所示，$u_s(t) = 12$ V，$L = 1$ H，$C = 1$ F，$R_1 = 3$ Ω，$R_2 = 2$ Ω，$R_3 = 1$ Ω，原电路已处于稳态。当 $t = 0$ 时，开关 S 闭合，求 S 闭合后 R_3 两端电压的零输入响应 $y_1(t)$ 和零状态响应 $y_2(t)$。

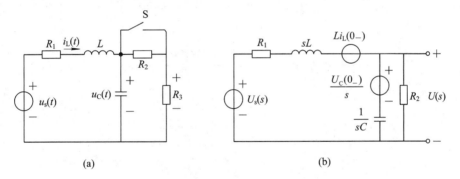

图 4 - 5　例 4 - 17 图

解　首先求出电容电压和电感电流的初始值 $i_L(0_-)$ 和 $u_C(0_-)$，在 $t = 0_-$ 时，开关未闭合，可求得

$$u_C(0_-) = \frac{R_2 + R_3}{R_1 + R_2 + R_3}u_s = 6 \ \text{V}$$

$$i_L(0_-) = \frac{1}{R_1 + R_2 + R_3}u_s = 2 \ \text{A}$$

画出电路的 s 域模型图，如图 4 - 5(b)所示，列节点电流方程为

$$\left(\frac{1}{sL + R_1} + sC + \frac{1}{R_3}\right)U(s) = \frac{Li_L(0_-)}{sL + R_1} + \frac{\frac{U_C(0_-)}{s}}{\frac{1}{sC}} + \frac{U_s(s)}{sL + R_1}$$

将 L、C、R_1、R_2 的参数代入上式得

$$\left(\frac{1}{s+3}+s+1\right)U(s) = \frac{i_L(0_-)}{s+3}+U_C(0_-)+\frac{U_s(s)}{s+3}$$

解上式可得

$$U(s) = \frac{i_L(0_-)+(s+3)U_C(0_-)}{s^2+4s+4}+\frac{U_s(s)}{s^2+4s+4}$$

上式中第一项仅与初始条件有关，因此是响应的零输入响应；第二项仅与输入 U_s 有关，因此是响应的零状态响应。

将初始条件 $i_L(0_-)$ 和 $u_C(0_-)$ 代入上式第一部分得零输入响应

$$U_1(s) = \frac{2+(s+3)\times 6}{s^2+4s+4} = \frac{6s+20}{(s+2)^2} = \frac{8}{(s+2)^2}-\frac{6}{s+2}$$

所以

$$u_1(t) = (8t-6)e^{-2t}u(t)\ \text{V}$$

将 $U_s(s)=\dfrac{12}{s}$ 代入上式第二部分，则

$$U_2(s) = \frac{12}{s(s+2)^2} = \frac{3}{s}-\frac{6}{(s+2)^2}-\frac{3}{s+2}$$

取其反变换为

$$u_2(t) = [3-(6t+3)e^{-2t}]u(t)\ \text{V}$$

【例 4 - 18】　求图 4 - 6(a)所示电路的 $u_2(t)$。已知初始条件 $u_1(0_-)=10$ V；$u_2(0_-)=25$ V；电压源 $u_s(t)=50\cos 2t\cdot u(t)$ V。

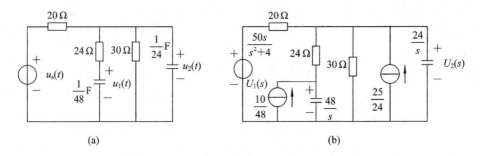

图 4 - 6　例 4 - 18 图

解　作 s 域模型如图 4 - 6(b)所示。注意，初始条件以内部象电流形式表示便于使用节点分析法。

列出象函数节点方程

$$\left(\frac{1}{24}+\frac{s}{48}\right)U_1(s)-\frac{1}{24}U_2(s) = \frac{10}{48}$$

$$-\frac{1}{24}U_1(s)+\left(\frac{s}{24}+\frac{1}{30}+\frac{1}{24}+\frac{1}{20}\right)U_2(s) = \frac{5s}{2(s^2+4)}+\frac{25}{24}$$

简化后得

$$(s+2)U_1(s)-2U_2(s) = 10 \tag{4-48}$$

$$-U_1(s)+(s+3)U_2(s) = \frac{60s}{s^2+4}+25 \tag{4-49}$$

由式(4 - 48)得

$$U_1(s) = \frac{10 + 2U_2(s)}{s + 2}$$

代入式(4 - 49)解得

$$U_2(s) = \frac{25s^3 + 120s^2 + 220s + 240}{(s+1)(s+4)(s^2+4)}$$

部分分式展开得

$$U_2(s) = \frac{\dfrac{23}{3}}{s+1} + \frac{\dfrac{16}{3}}{s+4} + \frac{12s + 24}{s^2 + 4}$$

取拉普拉斯反变换

$$u_2(t) = \mathscr{L}^{-1}[U_2(s)] = \left(\frac{23}{3}\mathrm{e}^{-t} + \frac{16}{3}\mathrm{e}^{-4t} + 12\,\cos 2t + 12\,\sin 2t\right)u(t) \text{ V}$$

　　由以上例题可见,用电路元件的 s 域模型法可以简化系统的求解,它把微分方程的求解问题转换成代数方程的求解,并且系统的初始条件可以直接转换在电路中,尤其对复杂的电路更显出其优越性。

4.5　系　统　函　数

4.5.1　系统函数的概念

　　系统函数定义为系统的零状态响应的拉普拉斯变换与激励的拉普拉斯变换之比,它是该系统单位冲激响应的拉普拉斯变换。我们已知,系统的零状态响应 $y(t)$ 等于系统的单位冲激响应 $h(t)$ 与激励的卷积,即

$$y(t) = f(t) * h(t)(再对式两边进行拉普拉斯变换)$$

$$Y(s) = F(s) \cdot H(s)$$

即

$$H(s) = \frac{Y(s)}{F(s)} = \mathscr{L}[h(t)]$$

即 $H(s)$ 为 $Y(s)$ 与 $F(s)$ 之比,亦是系统单位冲激响应 $h(t)$ 的拉普拉斯变换。$h(t)$ 的含义是输入为 $\delta(t)$ 情况下的零状态响应,它反映了系统的固有性质,而 $H(s)$ 是从复频域的角度反映了系统的固有性质,与外界的输入无关。所以,当谈及系统的性质时,就必须谈到 $H(s)$,$H(s)$ 是系统特性的完全的描述。

　　【例 4 - 19】　描述 LTI 系统的微分方程为 $y''(t) + 2y'(t) + 2y(t) = f'(t) + 3f(t)$,求系统的冲激响应 $h(t)$。

　　解　令零状态响应的象函数为 $Y(s)$,对方程进行拉普拉斯变换(注意到初始状态为零)得

$$s^2 Y(s) + 2sY(s) + 2Y(s) = sF(s) + 3F(s)$$

于是得系统函数

$$H(s) = \frac{Y(s)}{F(s)} = \frac{s + 3}{s^2 + 2s + 2} = \frac{s + 1}{(s+1)^2 + 1} + \frac{2}{(s+1)^2 + 1}$$

由正、余弦函数的变换对，并应用复频域特性可得

$$\mathscr{L}^{-1}\left[\frac{s+1}{(s+1)^2+1}\right]=\mathrm{e}^{-t}\cos t \cdot u(t)$$

$$\mathscr{L}^{-1}\left[\frac{2}{(s+1)^2+1}\right]=2\mathrm{e}^{-t}\sin t \cdot u(t)$$

所以系统的冲激响应为

$$h(t)=\mathscr{L}^{-1}\left[H(s)\right]=\mathrm{e}^{-t}(\cos t+2\sin t) \cdot u(t)$$

或

$$h(t)=\sqrt{5}\mathrm{e}^{-t}\cos(t-63.4°) \cdot u(t)$$

【例 4 - 20】 已知当输入 $f(t)=\mathrm{e}^{-t}u(t)$ 时，某 LTI 系统的零状态响应为

$$y(t)=(3\mathrm{e}^{-t}-4\mathrm{e}^{-2t}+\mathrm{e}^{-3t})u(t)$$

求该系统的冲激响应和描述该系统的微分方程。

解 为求得冲激响应 $h(t)$ 及系统的方程，应首先求得系统函数 $H(s)$。由给定的 $f(t)$ 和 $y(t)$ 可得

$$F(s)=\mathscr{L}\left[f(t)\right]=\frac{1}{s+1}$$

$$Y(s)=\mathscr{L}\left[y(t)\right]=\frac{3}{s+1}+\frac{4}{s+2}+\frac{1}{s+3}=\frac{2(s+4)}{(s+1)(s+2)(s+3)}$$

所以

$$H(s)=\frac{Y(s)}{F(s)}=\frac{2(s+4)}{(s+2)(s+3)}=\frac{4}{s+2}-\frac{2}{s+3}$$

取上式反变换，得系统的冲激响应为

$$h(t)=\mathscr{L}^{-1}\left[H(s)\right]=(4\mathrm{e}^{-2t}-2\mathrm{e}^{-3t})u(t)$$

【例 4 - 21】 设某 LTI 系统的初始状态已定。已知当输入 $f(t)=f_1(t)=\delta(t)$ 时，系统的全响应 $y_1(t)=3\mathrm{e}^{-t}u(t)$；当 $f(t)=f_2(t)=u(t)$ 时，系统的全响应 $y_2(t)=(1+\mathrm{e}^{-t})u(t)$；当输入 $f(t)=tu(t)$ 时，求系统的全响应。

解 设系统的零输入响应 $y_x(t)$ 和零状态响应 $y_f(t)$ 的象函数分别为 $Y_x(s)$ 和 $Y_f(s)$，系统全响应 $y(t)$ 的象函数可写为

$$Y(s)=Y_x(s)+Y_f(s)=Y_x(s)+H(s)F(s)$$

由已知条件，当输入 $f_1(t)=\delta(t)$ 时，$F_1(s)=1$，故有

$$\mathscr{L}\left[y_1(t)\right]=Y_1(s)=Y_x(s)+H(s)=\frac{3}{s+1}$$

当输入 $f_2(t)=u(t)$ 时，$F_2(s)=\frac{1}{s}$，故有

$$\mathscr{L}\left[y_2(t)\right]=Y_2(s)=Y_x(s)+H(s) \cdot \frac{1}{s}=\frac{1}{s}+\frac{1}{s+1}=\frac{2s+1}{s(s+1)}$$

由以上方程可解得

$$H(s)=\frac{1}{s+1}$$

$$Y_x(s)=\frac{2}{s+1}$$

所以得零输入响应为

$$y_x(t)=\mathscr{L}^{-1}\left[Y_x(s)\right]=2\mathrm{e}^{-t}u(t)$$

当输入 $f(t) = tu(t)$ 时，$F(s) = \dfrac{1}{s^2}$，故这时的零状态响应 $y_f(t)$ 的象函数

$$Y_f(s) = H(s)F(s) = \frac{1}{s^2(s+1)} = \frac{1}{s^2} - \frac{1}{s} + \frac{1}{s+1}$$

故得零状态响应为

$$y_f(t) = (t - 1 + \mathrm{e}^{-t})u(t)$$

系统的全响应为

$$y(t) = y_x(t) + y_f(t) = (t - 1 + 3\mathrm{e}^{-t})u(t)$$

4.5.2 系统函数与 s 域分析法

为了说明 $H(s)$ 在系统分析中的重要作用，应用 s 域分析法求解系统响应的步骤归纳如下：

(1) 计算 $H(s)$，实际上就是给系统一个激励，计算出输出 $Y(s)$ 与 $F(s)$ 的比值。也可以由系统的结构及数学模型直接求得。一旦求得 $H(s)$，系统对于任何激励的响应均可以利用该特性得到。

(2) 求输入 $f(t)$ 的变换式 $F(s)$。

(3) 求零状态响应 $y(t)$，可以从 $F(s) \cdot H(s)$ 的反变换中求出。

【**例 4 - 22**】 图 4 - 7(a)所示是常用的分压电路，若以 $u_1(t)$ 为输入，$u_2(t)$ 为输出，试分析为使输出不失真，电路各元件应满足的条件。

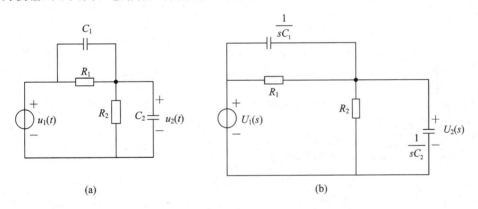

图 4 - 7 例 4 - 22 图

解 如果电路中各初始值 $[u_C(0_-)，i_C(0_-)]$ 等均为零，则其时域电路图与其 s 域电路模型具有相同的形式，只是各电流、电压变换为相应的象函数，各元件变换为相应的 s 域模型(零状态)，如图 4 - 7(b)所示。

在图 4 - 7(b)中，令 R_1 与 $\dfrac{1}{sC_1}$ 并联的阻抗为 $Z_1(s)$，导纳为 $Y_1(s)$；R_2 与 $\dfrac{1}{sC_2}$ 并联的阻抗为 $Z_2(s)$，导纳为 $Y_2(s)$，则有

$$Y_1(s) = \frac{1}{Z_1(s)} = \frac{1}{R_1} + sC_1$$

$$Y_2(s) = \frac{1}{Z_2(s)} = \frac{1}{R_2} + sC_2$$

可求得系统函数（或称网络函数）为

$$H(s) = \frac{U_2(s)}{U_1(s)} = \frac{Z_2(s)}{Z_1(s) + Z_2(s)} = \frac{Y_2(s)}{Y_1(s) + Y_2(s)} = \frac{C_1\left(s + \frac{1}{R_1 C_1}\right)}{(C_1 + C_2)s + \frac{1}{R_1} + \frac{1}{R_2}}$$

$$= \frac{C_1}{C_1 + C_2} + \frac{R_2 C_2 - R_1 C_1}{R_1 R_2 (C_1 + C_2)^2} \cdot \frac{1}{s + \alpha}$$

$$(4-50)$$

式中，$\alpha = \dfrac{R_2 + R_1}{R_1 R_2 (C_1 + C_2)}$。不失真传输的条件是系统的冲激响应也是冲激函数。这就要求

系统函数 $H(s)$ 是常数。由式(4-50)可知，仅当 $R_1 C_1 = R_2 C_2$ 时，（在此条件下有 $\dfrac{C_1}{C_1 + C_2} =$

$\dfrac{R_2}{R_2 + R_1}$），系统函数为常数，即

$$H(s) = \frac{U_2(s)}{U_1(s)} = \frac{C_1}{C_1 + C_2} = \frac{R_2}{R_2 + R_1}$$

这时，系统的冲激响应为

$$h(t) = \frac{R_2}{R_2 + R_1} \cdot \delta(t)$$

由卷积定理可知，在 $R_1 C_1 = R_2 C_2$ 的条件下，对任意输入信号 $u_1(t)$，图 4-5(a)所示电路的零状态响应为

$$u_2(t) = h(t) * u_1(t) = \frac{R_2}{R_2 + R_1} u_1(t)$$

即该电路的输出 $u_2(t)$ 与输入 $u_1(t)$ 波形相同，且为输入信号的 $\dfrac{R_2}{R_2 + R_1}$ 倍。

【例 4 - 23】 图 4-8 所示电路是最平幅度型（也称为巴特沃斯型）三阶低通滤波器，它接于电源（含内阻 R）与负载 R 之间。已知 $L = 1$ H，$C = 2$ F，$R = 1$ Ω，求系统函数 $H(s) = \dfrac{U_2(s)}{U_1(s)}$（电压比函数）及其阶跃响应。

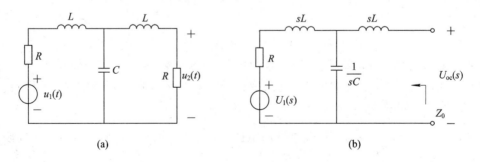

图 4-8 例 4-23图

解 若用等效电源定理求解，可将负载 R 断开，其相应的 s 域电路模型如图 4-8(b)所示。不难求得，其开路电压象函数（将 R、L、C 的值代入）为

$$U_{oc}(s) = \frac{\dfrac{1}{sC}}{sL + R + \dfrac{1}{sC}} U_1(s) = \frac{1}{2s^2 + 2s + 1} U_1(s)$$

等效阻抗为

$$Z_0(s) = sL + \frac{(sL+R)\dfrac{1}{sC}}{sL + R + \dfrac{1}{sC}} = s + \frac{s+1}{2s^2 + 2s + 1} = \frac{2s^3 + 2s^2 + 2s + 1}{2s^2 + 2s + 1}$$

于是可求得输出电压 $u_2(t)$ 的象函数为

$$U_2(s) = \frac{R}{Z_0(s) + R} U_{oc}(s) = \frac{1}{2(s^3 + 2s^2 + 2s + 1)} U_1(s)$$

该滤波器的系统函数为

$$H(s) = \frac{U_2(s)}{U_1(s)} = \frac{1}{2(s^3 + 2s^2 + 2s + 1)} = \frac{1}{2(s+1)(s^2 + s + 1)}$$

求该电路的阶跃响应。按阶跃响应的定义，当输入 $u_1(t) = u(t) \, \text{V}$ 时，其象函数 $U_1(s) = \dfrac{1}{s}$，故其零状态响应的象函数为

$$
\begin{aligned}
Y_f(s) = G(s) &= H(s) \cdot \frac{1}{s} = \frac{1}{2s(s+1)(s^2 + s + 1)} \\
&= \frac{1}{2}\left(\frac{1}{s} - \frac{1}{s+1} - \frac{1}{s^2 + s + 1} \right) \\
&= \frac{1}{2}\left[\frac{1}{s} - \frac{1}{s+1} - \frac{2}{\sqrt{3}} \frac{\dfrac{\sqrt{3}}{2}}{\left(s + \dfrac{1}{2}\right)^2 + \left(\dfrac{\sqrt{3}}{2}\right)^2} \right]
\end{aligned}
$$

取上式的反变换，得图 4 - 8(a) 滤波器的阶跃响应为

$$g(t) = \frac{1}{2}\left[1 - e^{-t} - \frac{2}{\sqrt{3}} e^{-\frac{t}{2}} \sin\left(\frac{\sqrt{3}}{2} t \right) \right] u(t) \, \text{V}$$

4.6　连续时间系统的特性

本节讨论系统的因果性、稳定性，将在总结系统函数 $H(s)$ 在 s 平面的零、极点分布与时域特性、频域特性的基础上，讨论系统模拟问题。这将使读者对系统分析有更深入的理解，也为学习系统综合打下基础。

4.6.1　系统的零极点与系统的因果性、稳定性

1. 系统函数的零点与极点

线性系统的系统函数，是以多项式之比的形式出现的，即

$$H(s) = \frac{B(s)}{A(s)} = \frac{b_m s^m + b_{m-1} s^{m-1} + \cdots + b_1 s + b_0}{a_n s^n + a_{n-1} s^{n-1} + \cdots + a_1 s + a_0}$$

式中系数 $a_i(i=0, 1, 2, \cdots, n)$，$b_j(j=0, 1, 2, \cdots, m)$ 都是实常数，其中 $a_n=1$。

系统函数分母多项式 $A(s)=0$ 的根称为系统函数 $H(s)$ 的极点，而系统函数分子多项式 $B(s)=0$ 的根称为系统函数 $H(s)$ 的零点。极点使系统函数取值为无穷大，而零点使系统函数取值为零。

$B(s)$ 和 $A(s)$ 都可以分解成线性因子的乘积，即

$$H(s) = \frac{B(s)}{A(s)} = \frac{b_m(s-z_1)(s-z_2)\cdots(s-z_m)}{a_n(s-p_1)(s-p_2)\cdots(s-p_n)} = H_0 \frac{\prod\limits_{j=1}^{m}(s-z_j)}{\prod\limits_{i=1}^{n}(s-p_i)} \qquad (4-51)$$

式中，z_1、z_2、$\cdots$、z_n 称为系统函数 $H(s)$ 的零点，p_1、p_2、$\cdots$、p_n 称为系统函数 $H(s)$ 的极点。$(s-z_j)(j=0, 1, 2, \cdots, m)$ 称为零点因子，$(s-p_i)(i=0, 1, 2, \cdots, n)$ 称为极点因子，所以系统函数是由零点因子、极点因子和标量函数 $H_0=\dfrac{b_m}{a_n}$ 三部分所确定的。

极点 p_i 和零点 z_j 的值可能是实数、虚数或复数。由于 $A(s)$ 和 $B(s)$ 的系数都是实数，因此零点、极点若为虚数或复数，则必共轭成对。若它们不是共轭成对的，则多项式 $A(s)$ 和 $B(s)$ 的系数必有一部分是虚数或复数，而不能全为实数。所以，$H(s)$ 的极（零）点有以下几种类型：一阶实极（零）点，它位于 s 平面的实轴上；一阶共轭虚极（零）点，它位于虚轴上并且对称于实轴；一阶共轭复极（零）点，它对称于实轴，此外还有二阶和二阶以上的实、虚、复极（零）点。

由式（4-51）可以看出，系统函数 $H(s)$ 一般有 n 个有限极点，m 个有限零点，如果 $n>m$，则当 s 沿任意方向趋于无限时，即当 $|s| \to \infty$ 时，$\lim\limits_{|s|\to\infty} H(s) = \lim\limits_{|s|\to\infty}\dfrac{b_m s^m}{a_n s^n}=0$，可以认为 $H(s)$ 在无穷远处有一个 $(n-m)$ 阶零点；如果 $n<m$，则当 $|s| \to \infty$ 时，$\lim\limits_{|s|\to\infty} H(s) = \lim\limits_{|s|\to\infty}\dfrac{b_m s^m}{a_n s^n}$ 趋于无限，可以认为 $H(s)$ 在无穷远处有一个 $(m-n)$ 阶极点。

2. 系统的因果性

因果系统指的是，系统的零状态响应 $y(t)$ 不出现于激励 $f(t)$ 之前。也就是说，对于 $t=0$ 接入的任意激励 $f(t)$，有

$$f(t) = 0, \quad t < 0 \qquad (4-52)$$

如果系统的零状态响应有

$$y(t) = 0, \quad t < 0 \qquad (4-53)$$

就称该系统为因果系统，否则称为非因果系统。

连续因果系统的充分和必要条件是，冲激响应

$$h(t) = 0, \quad t < 0 \qquad (4-54a)$$

或者，系统函数 $H(s)$ 的收敛域为

$$\text{Re}\{s\} > \sigma_0 \qquad (4-54b)$$

即其收敛域为收敛坐标 σ_0 以右的半平面，换言之，$H(s)$ 的极点都在收敛轴 $\text{Re}[s]=\sigma_0$ 的左边。

现在证明连续因果系统的充要条件。

设系统的输入 $f(t)=\delta(t)$，显然，在 $t<0$ 时 $f(t)=0$。这时的零状态响应为 $h(t)$，所以，若系统是因果的，则必有 $h(t)=0$，$t<0$。因此，式(4-54a)是必要的。但式(4-54a)的条件能否保证对所有满足式(4-52)的激励 $f(t)$，都能满足(4-53)还待证明，即其充分性还有待证明。

对任意激励 $f(t)$，系统的零状态响应 $y(t)$ 等于 $h(t)$ 和 $f(t)$ 的卷积，考虑到 $t<0$ 时 $f(t)=0$，有

$$y(t) = \int_{-\infty}^{t} h(\tau) f(t-\tau) \mathrm{d}\tau$$

如果 $h(t)$ 满足式(4-54a)，即有 $\tau<0$，$h(\tau)=0$，那么当 $t<0$ 时，上式为零，当 $t>0$ 时，上式为

$$y(t) = \int_{0}^{t} h(\tau) f(t-\tau) \mathrm{d}\tau$$

即 $t<0$ 时，$y(t)=0$。因而式(4-54a)的条件也是充分的。

根据拉普拉斯变换的定义，如果 $h(t)$ 满足式(4-54a)，则

$$H(s) = \mathscr{L}[h(t)], \ \mathrm{Re}\{s\} > \sigma_0$$

即为式(4-54b)。

3. 系统的稳定性

系统的稳定性在信号通过系统的分析中是至关重要的，如果系统存在不稳定因素，很容易使系统自身振荡起来，无法正常工作，下面将讨论稳定性的基本概念及判断稳定性的方法。

系统稳定性的定义有多种不同的形式。首先系统的稳定性是系统自身的性质之一，系统是否稳定与激励信号的情况无关。对于一个线性系统，可以分为稳定、临界稳定和不稳定三种情况。当一个系统受到激励以后，便会产生响应，当激励去除以后，如果响应随时间的增长而增长，则此系统为不稳定系统；如激励去除以后，响应保持在一定的界限之内，可能是等幅振荡状态，也可能是非振荡的常数状态，则此系统为临界稳定系统；如果响应随时间的增长最终衰减为零，则此系统为稳定系统。一般前两种都称为不稳定系统。

有界输入、有界输出系统即为稳定系统，稳定系统的充分必要条件是

$$\int_{-\infty}^{\infty} |h(t)| \mathrm{d}t \leqslant M \qquad (4-55)$$

式中 M 为有界的正值，或者说系统的单位冲激响应 $h(t)$ 绝对可积，则系统是稳定的。

以上对系统稳定性的分析都是从时域来分析的，并未涉及系统的因果性，即无论是因果稳定系统或非因果稳定系统都要满足式(4-55)的条件。对于因果系统，式(4-55)可改写为

$$\int_{0}^{\infty} |h(t)| \mathrm{d}t \leqslant M \qquad (4-56)$$

对于因果系统，从稳定性考虑，可分为稳定、不稳定和临界稳定三种情况。

(1) 稳定系统。$H(s)$ 的全部极点落在 s 左半平面(不包括虚轴)，满足

$$\lim_{t \to \infty}[h(t)] = 0 \qquad (4-57)$$

系统是稳定的。

(2) 不稳定系统。$H(s)$ 的极点落在 s 的右半平面，或在虚轴上具有二阶以上的极点，则在足够长时间以后，$h(t)$ 仍继续增长，系统是不稳定的。

（3）临界稳定系统。如果 $H(s)$ 的极点落在 s 平面的虚轴上，且只有一阶，则在长时间以后，$h(t)$ 趋于一个非零的数值或形成一个等幅振荡，这属于临界稳定的情况。这种情况一般也划归为不稳定状态。

4.6.2　系统函数与时域响应

1. $H(s)$ 的零极点与系统的因果性、稳定性

常用信号的拉普拉斯变换是 s 的有理函数，即 s 的多项式之比，即

$$H(s) = \frac{B(s)}{A(s)} = \frac{b_m(s-z_1)(s-z_2)\cdots(s-z_m)}{a_n(s-p_1)(s-p_2)\cdots(s-p_n)} = A\frac{\prod\limits_{i=1}^{m}(s-z_i)}{\prod\limits_{i=1}^{n}(s-p_i)} \tag{4-58}$$

式中，$A = \dfrac{b_m}{a_n}$，z_i 和 p_i 分别为系统函数 $H(s)$ 的零点和极点。设 $A(s)=0$ 的根都是互异的，则式（4 - 58）可用部分分式法展成以下的形式

$$H(s) = \frac{A_1}{s-p_1} + \frac{A_2}{s-p_2} + \cdots + \frac{A_k}{s-p_k} + \cdots + \frac{A_n}{s-p_n}$$

再经过反变换后得

$$h(t) = A_1 e^{p_1 t} + A_2 e^{p_2 t} + \cdots + A_k e^{p_k t} + A_n e^{p_n t}$$

因此从 $H(s)$ 进行拉普拉斯反变换很容易求得 $h(t)$。

对于一个因果的 LTI 系统，单位冲激响应 $h(t)$ 应该是右边的，即 $h(t)=0$，$t<0$，因此 $H(s)$ 的收敛域应该是在最右边极点以右；如果系统是非因果的，则系统的单位冲激响应 $h(t)$ 应该是左边的，则系统函数 $H(s)$ 的收敛域应在最左边极点以左。以上收敛域很容易在 s 平面画出其范围。

$H(s)$ 的极点分布及收敛域与系统的稳定性也是相关的，在第 2 章系统的时域分析中已经指出，稳定系统的冲激响应 $h(t)$ 是绝对可积的，即

$$\int_{-\infty}^{\infty} |h(t)| \, \mathrm{d}t < \infty \tag{4-59}$$

这亦是 $h(t)$ 的傅立叶变换 $H(\mathrm{j}\omega)$ 存在的条件之一，因此如果系统稳定，则必须要求系统的单位冲激响应 $h(t)$ 的傅立叶变换 $H(\mathrm{j}\omega)$ 存在，而 $H(\mathrm{j}\omega)$ 就是 $H(s)$ 当 $s=\mathrm{j}\omega$ 时的情况，所以 $H(s)$ 的收敛域必须包含虚轴，当系统既因果又稳定时，则要求 $H(s)$ 的极点在 s 域的左半平面，即 $H(s)$ 的收敛域在最右一个极点以右，其收敛域必须包含虚轴。

【例 4 - 24】　已知一个系统的单位冲激响应为 $h(t)=\mathrm{e}^{-t}u(t)$，问此系统的因果稳定性。

解　　　　　　　$\mathscr{L}[\mathrm{e}^{-t}u(t)] = \dfrac{1}{s+1}$，　　　$\mathrm{Re}\{s\} > -1$

上式的收敛域位于最右极点以右，并且包含虚轴，因此该系统既是因果的，又是稳定的。

【例 4 - 25】　已知系统函数为 $H(s) = \dfrac{\mathrm{e}^s}{s+1}$，$\mathrm{Re}\{s\} > -1$，问该系统是否为因果系统。

解　$H(s)$ 的极点为 $p_1 = -1$，其收敛域 $\mathrm{Re}\{s\} > -1$，它是在最右边的极点以右，因此 $h(t)$ 一定是非因果稳定系统。

已知

$$\mathscr{L}\left[\mathrm{e}^{-t}u(t)\right] = \frac{1}{s+1}, \qquad \mathrm{Re}\{s\} > -1$$

根据时移特性有

$$\mathscr{L}^{-1}\left[\frac{\mathrm{e}^{-t}}{s+1}\right] = \mathrm{e}^{-(t+1)}u(t+1), \qquad \mathrm{Re}\{s\} > -1$$

所以

$$h(t) = \mathrm{e}^{-(t+1)}u(t+1)$$

该冲激响应在 $t<-1$ 时为 0，而不是在 $t<0$ 时为 0，所以该系统并非因果系统。此例说明，因果系统的冲激响应一定是右边的，即收敛域位于最右边极点的右边；但冲激响应 $h(t)$ 为右边信号时，系统不一定是因果系统，亦可能是非因果的。

2. $H(s)$ 的零极点与 $h(t)$ 波形的对应关系

前面已经谈到 $H(s)$ 的零极点分别是是 $H(s)$ 的分子、分母多项式为零的点。如果分子、分母展开的多项式为多重根，还可以是多阶的零点和极点。例如，$H(s) = \dfrac{s\left[(s-1)^2+1\right]}{(s+1)^2(s^2+4)}$ 系统函数含有的零极点为

零点：
$$\begin{cases} s_1=0\,(\text{一阶}) \\ s_2=1+\mathrm{j}\,(\text{一阶}) \\ s_3=1-\mathrm{j}\,(\text{一阶}) \\ s_4=\infty\,(\text{一阶}) \end{cases}$$

极点：
$$\begin{cases} p_1=-1\,(\text{一阶}) \\ p_2=\mathrm{j}2\,(\text{一阶}) \\ p_3=-\mathrm{j}2\,(\text{一阶}) \end{cases}$$

将以上结果画于 s 平面内，用"○"表示零点，用"×"表示极点，如图 4 - 9 所示。

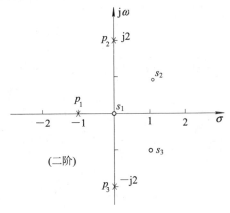

图 4 - 9 $H(s)$ 的零极点图

从拉普拉斯反变换可知，$H(s)$ 的拉普拉斯反变换即为 $h(t)$，而 $h(t)$ 的形式主要取决于 $H(s)$ 的极点。$H(s)$ 的零点不影响 $h(t)$ 的形式，只影响 $h(t)$ 的大小和初相位。下面以列表的方式写出 $H(s)$ 与 $h(t)$ 的对照，如表 4 - 3 所示；并画出相应的图，如图 4 - 10 所示。

表 4 - 3 $H(s)$ 的极点位置与 $h(t)$ 波形的对照

复 频 域					在图 4 - 10 中的位置
	$H(s)$	极点位置	$h(t)$	特性	
单实极点	$\dfrac{1}{s+p}$	$p=0$ 位于原点	$u(t)$	直流	0
		$p>0$，位于左半平面的实轴上	$e^{-\lvert p\rvert t}$	指数衰减，$\lvert p\rvert$ 越大，衰减速度越快	②和① $\lvert 2\rvert>\lvert 1\rvert$
		$p<0$，位于右半平面的实轴上	$e^{\lvert p\rvert t}$	指数增长，$\lvert p\rvert$ 越大，增长速度越快	④和③ $\lvert 4\rvert>\lvert 3\rvert$
共轭虚极点	$\dfrac{1}{s+j\omega_0}+\dfrac{1}{s-j\omega_0}$	位于 $j\omega$ 轴上	$\cos\omega_0 t$	$\lvert\omega_0\rvert$ 越大，正弦频率越高	⑥和⑤ $\lvert 6\rvert>\lvert 5\rvert$
共轭多极点	$\dfrac{1}{s+(\sigma_0+j\omega_0)}+\dfrac{1}{s+(\sigma_0-j\omega_0)}$	$\sigma_0>0$，位于左半 s 平面	$e^{-\sigma_0 t}\cos\omega_0 t$	$\lvert\sigma_0\rvert$ 越大，振幅衰减越快 $\lvert\omega_0\rvert$ 越大，正弦频率越高	⑦和⑧ ⑦和⑪
		$\sigma_0<0$，位于右半 s 平面	$e^{\sigma_0 t}\cos\omega_0 t$	$\lvert\sigma_0\rvert$ 越大，振幅衰减越快 $\lvert\omega_0\rvert$ 越大，正弦频率越高	⑨和⑩ ⑨和⑫

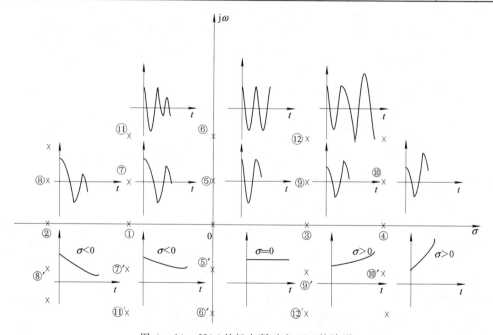

图 4 - 10 $H(s)$ 的极点所对应 $h(t)$ 的波形

总结以上的表和图，可以看出 $H(s)$ 的极点与 $h(t)$ 的关系如下：

（1）若极点位于 s 平面的原点，$H(s)=\dfrac{1}{s}$，则 $h(t)=u(t)$，$h(t)$ 为单位阶跃响应（如图中 0 点）。

（2）若极点位于 s 平面的实轴上，则 $h(t)$ 具有指数函数形式。若极点为负实数（$p_i=-a<0$），则冲激响应是指数衰减形式（见图 4-10 中①、②点）；若极点为正实数（$p_i=a>0$），则对应的冲激响应是指数增长的形式（见图 4-10 中③、④点）。

（3）虚轴上的共轭极点给出等幅振荡，离原点越远，振荡频率越高（见图 4-10 图中⑤、⑥点，⑥点比⑤点振荡频率高）。

（4）在左半平面的共轭极点对应于衰减振荡，如图 4-10 中⑦、⑧、⑪点，⑧比⑦衰减得快，⑪比⑦振荡得快。

（5）在右半平面的共轭极点对应于增幅振荡，如图 4-10 中⑨、⑩、⑫点，⑩比⑨增长得快，12比⑨振荡得快。

4.6.3　系统函数与频率响应

频率响应是指系统在正弦信号激励之下的稳定响应随信号频率的变化情况，它包括幅度响应及相位响应两个方面。在电路分析中已经研究了用向量法进行正弦稳态计算，而这里将用 $H(s)$ 及其零极点的分析来研究频率响应，它用 $H(s)$ 的零极点图经几何求的值得到 $H(j\omega)$。当系统为稳定系统时，$H(s)$ 的收敛域必然包含虚轴，此时 $H(s)$ 的 s 就可以用 $j\omega$ 来代替，所以此种方法的前提是系统必须稳定。

前面已经介绍过，系统函数 $H(s)$ 可以由其零极点和尺度因子描述，即

$$H(s) = A\,\frac{(s-z_1)(s-z_2)\cdots(s-z_m)}{(s-p_1)(s-p_2)\cdots(s-p_n)} \tag{4-60}$$

当输入信号的复频率 $s=s_0$ 时，上式变为

$$H(s_0) = A\,\frac{(s_0-z_1)(s_0-z_2)\cdots(s_0-z_m)}{(s_0-p_1)(s_0-p_2)\cdots(s_0-p_n)} \tag{4-61}$$

式中的 s_0、z_i、p_i 以及 (s_0-z_i) 等都是复数，都可由原点到该复数点的向量来表示，令 $s_0-z_i=N_i=|N_i|\mathrm{e}^{\mathrm{j}\varphi_i}$，则 (s_0-z_i) 表示向量 s_0 与 z_i 的向量差，见图 4-11。

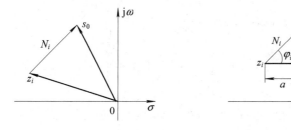

图 4-11　$H(s_0)$ 因子的几何图形

N_i 是从 z_i 点指向 s_0 点的向量，N_i 向量的模 N_i 及角 φ_i 根据 s_0 及 z_i 的坐标位置即可计算

$$N_i = \sqrt{a^2+b^2}, \qquad \varphi_i = \arctan\frac{b}{a}$$

同理，式(4－60)中其他各零点及极点的因子亦可以画在 s 平面上，画出其矢量图，它可表示为

$$\frac{1}{s_0 - p_i} = \frac{1}{D_i e^{j\varphi_i}} = \frac{1}{D_i} e^{-j\varphi_i}$$

当多个$(s_0 - z_i)$ 及多个$(s_0 - p_i)$ 共同作用时，其结果就是各零点分别向 s_0 画矢量的乘积除以各极点分别向 s_0 画矢量的乘积，即

$$|H(s_0)| = K \frac{N_1 N_2 \cdots N_m}{D_1 D_2 \cdots D_n} \tag{4-62}$$

$$\phi(s_0) = (\varphi_1 + \varphi_2 + \cdots + \varphi_m) - (\theta_1 + \theta_2 + \cdots + \theta_n)$$

请注意，以上 s_0 点是在 s 平面上的任意一点。当我们把 s_0 点局限到 $j\omega$ 轴上时，则可以求得 $H(j\omega)$ 为

$$H(s)\big|_{s=j\omega} = H(j\omega) = |H(j\omega)| e^{j\varphi(\omega)}$$

$H(j\omega)$ 是一个复数，式中$|H(j\omega)|$表示幅值与 ω 的关系，称为幅频特性；$\varphi(j\omega)$ 表示相角与 ω 的关系，称为相频特性。下面通过实例进行解释。

【例 4－26】　图 4－12 所示系统，求输出 $U_R(s)$ 和 $U_C(s)$ 的频响特性。

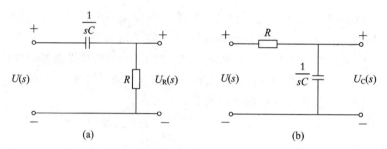

图 4－12　RC 电路

解　(1) 由图 4－12(a)易得系统函数为

$$H(s) = \frac{U_R(s)}{U(s)} = \frac{R}{R + \frac{1}{sC}} = \frac{s}{s + \frac{1}{RC}}$$

说明 $H(s)$ 在原点有一个零点 $s=0$，在 $s=-\frac{1}{RC}$ 处有一个极点。当 s_0 点沿 $j\omega$ 轴变化时有

$$H(j\omega) = H(s)\big|_{s=j\omega} = \frac{j\omega}{j\omega + \frac{1}{RC}} \tag{4-63}$$

为计算 $H(j\omega)$ 的$|H(j\omega)|$和 $\varphi(j\omega)$，画出 s 由 $0 \to \infty$，在图中取三个点 $j\omega_0$、$j\omega_a$、$j\omega_\infty$，下面逐点分析：

(a) 当 $j\omega \to 0$ 时，式(4－63)分子$\to 0$，分母$\to$常数$\frac{1}{RC}$，所以

$$\lim_{\omega \to 0} |H(j\omega)| = \frac{N_0}{D_0} = \frac{0}{\frac{1}{RC}} = 0$$

而相频有

$$\lim_{\omega \to 0} \varphi(j\omega) = 90° - 0° = 90°$$

（b）当 $j\omega=ja=\dfrac{1}{RC}$ 时，有

$$|H(j\omega)|_{\omega=\frac{1}{RC}} = \frac{N_a}{D_a} = \frac{\dfrac{1}{RC}}{\dfrac{\sqrt{2}}{RC}} = \frac{1}{\sqrt{2}}$$

$$\varphi(j\omega)|_{\omega=\frac{1}{RC}} = 90°-45° = 45°$$

此时式（4－60）的分子和分母趋于两条相等的平行线。

（c）当 $j\omega=j\infty$ 时，有

$$\lim_{\omega\to\infty}|H(j\omega)| = \frac{N_\infty}{D_\infty} = 1$$

$$\lim_{\omega\to\infty}\varphi(j\omega) = 90°-90° = 0°$$

将以上三种情况的幅频、相频特性连接起来，可以看出它是一个高通电路。在低频段，幅频、相频曲线都发生了变化，当 ω 达到一定数值以后，就趋于平稳，如图 4－13 所示。

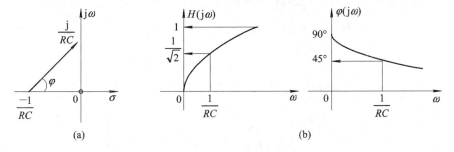

图 4－13　RC 高通电路的频响特性

（2）对图 4－12（a）的电路，当电路的输入不变，改为从电容输出时

$$H(j\omega) = \frac{U_C(j\omega)}{U(j\omega)} = \frac{\dfrac{1}{j\omega C}}{R+\dfrac{1}{j\omega C}} = \frac{1}{RC}\,\frac{1}{j\omega+\dfrac{1}{RC}} \tag{4－64}$$

则系统函数 $H(j\omega)$ 在 $-\dfrac{1}{RC}$ 处具有一个单极点，于是可以求出其频响特性为

当 $j\omega=0$ 时，$H(j\omega)=1$，$\varphi(j\omega)=0$；

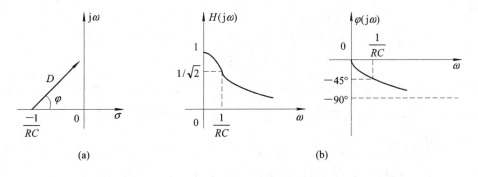

图 4－14　RC 低通电路的频响特性

当 $j\omega = \dfrac{1}{RC}$ 时，$|H(j\omega)| = \dfrac{1}{\sqrt{2}}$，$\varphi(j\omega) = -45°$；

当 $j\omega = \infty$ 时，$|H(j\omega)| = 0$，$\varphi(j\omega) = -90°$。

从图 4-14 所示的幅频和相频特性曲线可以看出，它是一个低通电路。

【**例 4-27**】 一个二阶系统函数为

$$H(s) = \frac{s}{s^2 + 2\alpha s + \omega_0^2}$$

式中，$\alpha > 0$，且 $\omega_0^2 > \alpha^2$。粗略画出其幅频、相频特性。

解 上式的零点位于 $s = 0$，其极点在

$$p_{1,2} = -\alpha \pm j\sqrt{\omega_0^2 - \alpha^2} = -\alpha \pm j\beta$$

式中 $\beta = \sqrt{\omega_0^2 - \alpha^2}$。于是系统函数 $H(s)$ 可写为

$$H(s) = \frac{s}{(s - p_1)(s - p_2)}$$

由于 $\alpha > 0$，极点在左半开平面，故 $H(s)$ 在虚轴上收敛，该系统的频率响应函数为

$$H(j\omega) = H(s)\,|_{s=j\omega} = \frac{j\omega}{(j\omega - p_1)(j\omega - p_2)}$$

令 $j\omega = Be^{j\varphi}$，$j\omega - p_1 = A_1 e^{j\theta_1}$，$j\omega - p_2 = A_2 e^{j\theta_2}$，如图 4-15(a)所示。上式可改写为

$$H(j\omega) = \frac{B}{A_1 A_2} e^{j(\varphi - \theta_1 - \theta_2)} = |H(j\omega)|\, e^{j\varphi(\omega)}$$

式中幅频特性和相频特性分别为

$$|H(j\omega)| = \frac{B}{A_1 A_2} \tag{4-65a}$$

$$\varphi(\omega) = \varphi - (\theta_1 + \theta_2) \tag{4-65b}$$

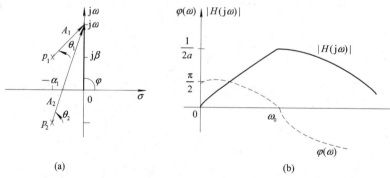

(a)　　　　　　　　　　(b)

图 4-15 例 4-27 图

由图 4-15(a)和式(4-65a)可以看出：当 $\omega = 0$ 时，$B = 0$，$A_1 = A_2 = \sqrt{\alpha^2 + \beta^2} = \omega_0$，$\theta_1 = -\theta_2$，$\varphi = \dfrac{\pi}{2}$，所以 $|H(j\omega)| = 0$，$\varphi(\omega) = \dfrac{\pi}{2}$。随着 ω 的增大，A_2 和 B 增大，而 A_1 减小，故 $|H(j\omega)|$ 增大；而 $|\theta_1|$ 减小，故 $\theta_1 + \theta_2$ 增大，因而 $\varphi(\omega)$ 减小。当 $\omega = \omega_0$（$\omega_0 = \sqrt{\alpha^2 + \beta^2}$）时，系统发生谐振，这时 $|H(j\omega)| = \dfrac{1}{2\alpha}$ 为极大值，而 $\varphi(\omega) = 0$。当 ω 继续增大时，A_1、A_2、B 和 θ_1、θ_2 均增大，从而 $|H(j\omega)|$ 减小，$\varphi(\omega)$ 继续减小。当 $\omega \to \infty$ 时，A_1、A_2、B 均趋于无限，故

$|H(j\omega)|$ 趋于零；θ_1、θ_2 均趋于 $\dfrac{\pi}{2}$，从而 $\varphi(\omega)$ 趋近于 $-\dfrac{\pi}{2}$。图 4-15(b) 是粗略画出的幅频、相频特性。由幅频特性可见，该系统是带通系统。

由以上讨论可知，如系统函数的某一极点(本例为 $p_1 = -\alpha + j\beta$)十分靠近虚轴时，则当角频率 ω 在该极点实部附近处(即 $\omega \approx \beta$ 处)，幅频响应应有一峰值，相频响应急剧减小。

习 题 4

一、填空题

1. $\delta^n(t)$ 的拉普拉斯变换是 _____；e^{at} 的拉普拉斯变换是 _____。

2. $u(t-4)$ 的拉普拉斯变换是 _____，$\delta(t-\tau)$ 的拉普拉斯变换是 _____。

3. $\dfrac{1}{s+1}(\sigma > -1)$ 的拉普拉斯反变换是 _____；$\dfrac{1}{s+1}(\sigma < -1)$ 的拉普拉斯反变换是 _____。

4. $\dfrac{2}{(s+\alpha)^3}$ 的拉普拉斯反变换是 _____，$\dfrac{1}{s^4}$ 的拉普拉斯反变换是 _____。

5. 若 $f_1(t) \overset{\mathscr{L}}{\longleftrightarrow} F_1(s)$；$f_2(t) \overset{\mathscr{L}}{\longleftrightarrow} F_2(s)$，则 _____。

6. 稳定系统的充分必要条件是 _____。

7. 连续因果系统的充分和必要条件是 _____。

8. 对于因果系统，从稳定性考虑，可分 _____、_____、_____ 三种情况。

二、选择题

1. 下面系统哪个是稳定系统( )。

(A) $H(s) = \dfrac{s^2 + 2s + 1}{s^3 + 4s^2 - 3s + 2}$

(B) $H(s) = \dfrac{s^3 + s^2 + s + 2}{2s^3 + 7s + 9}$

(C) $H(s) = \dfrac{s^2 + 2s + 1}{s^4 + s^3 + 2s^2 + s + \dfrac{1}{2}}$

(D) $H(s) = \dfrac{s^2 + 2s + 1}{2s^4 + s^3 + 12s^2 + 8s + 2}$

2. 若信号 $f(t) = te^{-at}$，$\sigma > -\alpha$，则其拉普拉斯变换是( )。

(A) $\dfrac{1}{s+\alpha}$ (B) $\dfrac{1}{s-\alpha}$

(C) $\dfrac{1}{(s-\alpha)^2}$ (D) $\dfrac{1}{(s+\alpha)^2}$

3. 已知 $\mathscr{L}[f(t)] = F(s)$，则 $e^{-\frac{t}{\alpha}t} f\left(\dfrac{t}{\alpha}\right)(\alpha > 0)$ 的拉普拉斯变换是( )。

(A) $\alpha F(\alpha s + 1)$ (B) $\alpha F(\alpha s + \alpha^2)$

(C) $\dfrac{1}{\alpha} F\left(\dfrac{\alpha s + 1}{\alpha^2}\right)$ (D) $\dfrac{1}{\alpha} F\left(\dfrac{s+\alpha}{\alpha}\right)$

4. 图 4－16(a)所示信号的拉普拉斯变换是(　　)。

(A) $\dfrac{1-\mathrm{e}^{-s}}{s+\alpha}$　　　　　　(B) $\dfrac{1-s}{s^2}$

(C) $\dfrac{\mathrm{e}^{-s}}{s^2}$　　　　　　(D) $\dfrac{1}{s^2}(1-\mathrm{e}^{-s})^2$

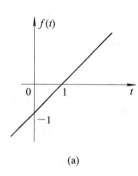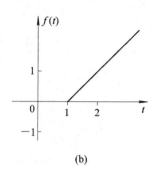

(a)　　　　　　(b)

图 4－16　选择题 4、5 图

5. 图 4－16(b)所示信号的拉普拉斯变换是(　　)。

(A) $\dfrac{1-\mathrm{e}^{-s}}{s+\alpha}$　　　　　　(B) $\dfrac{1-s}{s^2}$

(C) $\dfrac{\mathrm{e}^{-s}}{s^2}$　　　　　　(D) $\dfrac{1}{s^2}(1-\mathrm{e}^{-s})^2$

6. 图 4－17(a)所示信号的拉普拉斯变换是(　　)。

(A) $\dfrac{1-\mathrm{e}^{-s}}{s+\alpha}$　　　　　　(B) $\dfrac{1-s}{s^2}$

(C) $\dfrac{s-1+\mathrm{e}^{-s}}{s^2}$　　　　　　(D) $\dfrac{1}{s^2}(1-\mathrm{e}^{-s})^2$

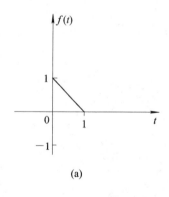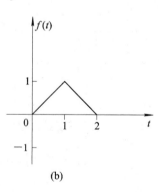

(a)　　　　　　(b)

图 4－17　选择题 6、7 图

7. 图 4－17(b)所示信号的拉普拉斯变换是(　　)。

(A) $\dfrac{\mathrm{e}^{-(s+\alpha)}}{s+\alpha}$　　　　　　(B) $\dfrac{1-s}{s^2}$

(C) $\dfrac{(s+1)(1-2\mathrm{e}^{-s}+\mathrm{e}^{-2s})}{s^2}$　　(D) $\dfrac{1}{s^2}(1-\mathrm{e}^{-s})^2$

8. $\dfrac{1}{s^4}$ 的拉普拉斯反变换是(　　)。

(A) $t^2 e^{-at} u(t)$　　　　　　　　　(B) $\dfrac{1}{6} t^3 u(t)$

(C) $t \cos bt \cdot u(t)$　　　　　　　(D) $tu(t)$

9. 初值 $f(0_+)=0$ 的拉普拉斯变换式为（　　）。

(A) $\dfrac{1}{s+\alpha}$　　　　　　　　　(B) $\dfrac{1}{s^2(s+\alpha)}$

(C) $\dfrac{s^2+s}{3s^2+2s+1}$　　　　　　(D) $\dfrac{s^2+2}{s^2+4}$

10. 求原函数的终值 $f(\infty)=0$ 的拉普拉斯变换式为（　　）。

(A) $\dfrac{3s}{(s+3)(s+2)}$　　　　　　(B) $\dfrac{s}{s^2+5}$

(C) $\dfrac{5s^2+1}{(s+1)(s^2-6s+10)}$

三、计算分析题

1. 试求下列函数的拉普拉斯变换：

(1) $(1-e^{-at}) \cdot u(t)$，$(\alpha>0)$；

(2) $te^{-2t} \cdot u(t)$；

(3) $\sin\pi t \cdot u(t)$；

(4) $e^{-t} \sin 2t \cdot u(t)$；

(5) $(1+2t)e^{-t} \cdot u(t)$；

(6) $2\delta(t)-3e^{-7t} \cdot u(t)$；

(7) $e^{-2(t-1)} \cdot u(t)$；

(8) $e^{-2(t+1)} \cdot u(t)$；

(9) $e^{-2(t-1)} \cdot u(t-1)$；

(10) $e^{-2(t+1)} \cdot u(t+1)$。

2. 求下列函数 $f(t)$ 的拉普拉斯变换 $F(s)$：

(1) $u(t)-u(t-1)$；

(2) $\sin\omega_0(t-\tau) \cdot u(t-\tau)$；

(3) $-e^{-3t}u(-t)$；

(4) $e^{-3t}u(-t)+e^{-4t}u(t)$；

(5) $te^{-at} \cdot u(t)$；$(\alpha>0)$

(6) $\sin\omega_0(t-\tau)u(t)$。

3. 求下列各 $F(s)$ 及其收敛域确定反变换 $f(t)$：

(1) $\dfrac{1}{s+1}$，$(\sigma>-1)$；

(2) $\dfrac{1}{s+1}$，$(\sigma<-1)$；

(3) $\dfrac{s}{s^2+16}$，$(\sigma>0)$；

(4) $\dfrac{(s+1)e^{-s}}{(s+1)^2+4}$，$(\sigma>-1)$；

(5) $\dfrac{s+1}{s^2+5s+6}$, $(\sigma<-3)$;

(6) $\dfrac{s^2-s+1}{s^2(s-1)}$, $(0<\sigma<1)$;

(7) $\dfrac{s+1}{s^2+5s+6}$, $(\sigma>-2)$;

(8) $\dfrac{s+1}{s(s+1)(s+2)}$, $(-1<\sigma<0)$。

4. 已知 $e^{-\alpha t} \xleftrightarrow{\mathscr{L}} \dfrac{1}{s+\alpha}$, $\sin\beta t \xleftrightarrow{\mathscr{L}} \dfrac{\beta}{s^2+\beta^2}$, $\cos\beta t \xleftrightarrow{\mathscr{L}} \dfrac{s}{s^2+\beta^2}$, 求下列函数的拉普拉斯变换:

(1) $e^{-t}u(t)-e^{-2(t-2)}u(t-2)$;

(2) $e^{-t}[u(t)-u(t-2)]$;

(3) $\displaystyle\int_0^t \sin\pi x \, \mathrm{d}x$;

(4) $\dfrac{\mathrm{d}}{\mathrm{d}t}[\sin\pi t \cdot u(t)]$;

(5) $t^2 e^{-2t}$;

(6) $t^2 \cos t$;

(7) $\dfrac{1}{t}(1-e^{-\alpha t})$;

(8) $\dfrac{1}{t}(e^{-3t}-e^{-5t})$;

(9) $te^{-\alpha t} \cdot \cos\beta t \cdot u(t)$。

5. 求下列时间函数的拉普拉斯变换:

(1) $[t \sin\omega t]u(t)$;

(2) $[t^2 e^{-2t}]u(t)$;

(3) $\left[e^{-\frac{1}{5}t} \sin\left(\dfrac{\omega}{5}t\right)\right]u(t)$;

(4) $[e^{-5t} \cos(5\omega t)]u(t)$。

6. 求下列拉普拉斯变换的原函数的初值 $f(0_+)$:

(1) $\dfrac{1}{s+\alpha}$;

(2) $\dfrac{1}{s^2(s+\alpha)}$;

(3) $\dfrac{s^2+s}{3s^2+2s+1}$;

(4) $\dfrac{s^2+2}{s^2+4}$。

7. 求下列拉普拉斯变换的原函数的初值 $f(\infty)$:

(1) $\dfrac{3s}{(s+3)(s+2)}$;

(2) 4;

(3) $\dfrac{s}{s^2+5}$；

(4) $\dfrac{5s^2+1}{(s+1)(s^2-6s+10)}$。

8. 已知因果系统的系统函数 $H(s)$ 及输入信号 $f(t)$，求系统的零状态响应 $y_x(t)$。

(1) $H(s)=\dfrac{2s+3}{s^2+2s+5}$，$f(t)=u(t)$；

(2) $H(s)=\dfrac{s+4}{s(s^2+3s+2)}$，$f(t)=\mathrm{e}^{-t}u(t)$。

9. 已知因果系统的系统函数 $H(s)=\dfrac{s+1}{s^2+5s+6}$，求系统对于以下输入 $f(t)$ 的零状态响应：

(1) $f(t)=\mathrm{e}^{-3t}u(t)$；

(2) $f(t)=t\mathrm{e}^{-t}u(t)$。

10. 已知某因果系统的微分方程模型及输入 $f(t)$，求零状态响应的初值 $y_x(0)$ 和终值 $y_x(\infty)$。

(1) $\dfrac{\mathrm{d}^2}{\mathrm{d}t^2}y(t)+2\dfrac{\mathrm{d}}{\mathrm{d}t}y(t)+5y(t)=2\dfrac{\mathrm{d}}{\mathrm{d}t}f(t)+3f(t)$　　　$f(t)=u(t)$

(2) $\dfrac{\mathrm{d}^3}{\mathrm{d}t^3}y(t)+3\dfrac{\mathrm{d}^2}{\mathrm{d}t^2}y(t)+2\dfrac{\mathrm{d}}{\mathrm{d}t}y(t)=\dfrac{\mathrm{d}}{\mathrm{d}t}f(t)+4f(t)$　　　$f(t)=\mathrm{e}^{-t}u(t)$

11. 电路如图 4 – 18 所示，各参数为 $R=1\ \Omega$，$L=1\ \mathrm{H}$，$C=1\ \mathrm{F}$，初始状态 $i_L(0_-)=1\ \mathrm{A}$，$u_C(0_-)=1\ \mathrm{V}$，试求零输入响应 $u_C(t)$。

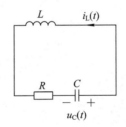

图 4 – 18　计算分析题 11 图

12. 电路如图 4 – 19 所示，已知 $i_L(0_-)=2\ \mathrm{A}$，$u_C(0_-)=2\ \mathrm{V}$，激励 $u_s(t)=5u(t)$，试求响应 $u_C(t)$。

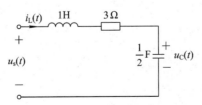

图 4 – 19　计算分析题 12 图

13. 电路如图 4 – 20 所示，激励信号为 $u_1(t)=40\sin t\cdot u(t)$，求零状态响应 $u_2(t)$，并指出其中的固有响应与强制响应，瞬态响应与稳态响应。

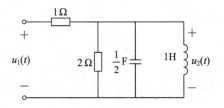

图 4 - 20 计算分析题 13 题

14. 电路如图 4 - 21 所示，已知 $i_L(0_-)=2$ A，试分别求出在下列情况下的电压 $u_2(t)$：

(1) $u_s(t)=12u(t)$；

(2) $u_s(t)=12\cos t \cdot u(t)$；

(3) $u_s(t)=12e^{-t}u(t)$。

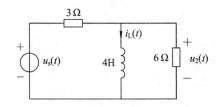

图 4 - 21 计算分析题 14 题

15. 系 统 的 输 入 $f(t)=(1-e^{-t})u(t)$，零 状 态 响 应 为 $y_f(t)=\left(\frac{1}{4}e^{-t}+\frac{1}{2}te^{-2t}+\frac{3}{4}e^{-2t}\right)u(t)$，试求系统函数 $H(s)$。

16. 判断下列系统函数 $H(s)$ 所表示的系统是否稳定：

(1) $H(s)=\dfrac{s^2+2s+1}{s^3+4s^2-3s+2}$；

(2) $H(s)=\dfrac{s^3+s^2+s+2}{2s^3+7s+9}$；

(3) $H(s)=\dfrac{s^2+4s+2}{3s^3+s^2+2s+8}$；

(4) $H(s)=\dfrac{s^3+2s+1}{2s^4+s^3+12s^2+8s+2}$。

17. 若系统是稳定的，求 $H(s)$ 中 K 值的范围：

$$H(s)=\frac{s^2+2s+1}{s^4+s^3+2s^2+s+K}$$

第 5 章　离散时间系统的时域分析

本章讲述离散时间信号和离散时间系统的分析方法，重点是分析线性时不变离散时间系统。学习要求一是掌握线性离散时间系统的描述方法，会建立离散时间系统差分方程和经典解法；二是掌握单位序列和单位响应的概念和单位响应的求解；三是掌握卷积和的概念，会用卷积和求解零状态响应。

5.1　离散时间信号

5.1.1　连续信号的取样

1. 离散时间信号

离散时间系统的激励和响应也都是离散时间信号，表示这种信号的函数只在一系列互相分离的时间点上才有定义，而在其他点上则无定义，所以它们是离散变量 t_k 的函数（或称序列）。

离散的函数值通常画成一条条的垂直线，如图 5-1(a)所示，其中每条直线的端点才是实际的函数值。在数字技术中，函数的取样值并不是任意取值的，而必须将幅度加以量化，也就是幅度的数值只能在一组预定的数据中取值，如图 5-1(b)所示。$x(n)$ 中的( )表示变量 n 取整数。

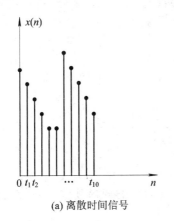
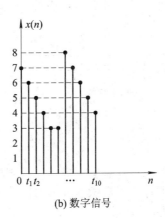

(a) 离散时间信号　　　　　　　　(b) 数字信号

图 5-1　离散时间信号

离散时间信号在数学上表示成数值的序列，用 $x(n)$ 来表示序列第 n 个数，其中 n 为整数。这里不涉及时间，只涉及次序。连续信号经采样后变成离散时间信号，存储在存储器中，这样序列表示为 $x(n)$。

2. 信号的取样

对连续时间信号进行数字处理，必须首先对信号进行取样。进行取样的取样器一般由电子开关组成，其工作原理如图 5-2 和图 5-3 所示。

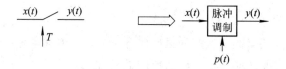

图 5-2　取样原理图

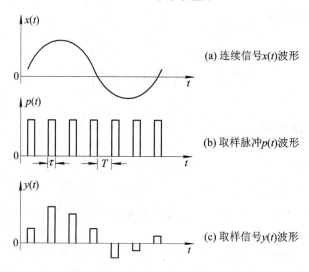

图 5-3　信号的取样

上面实际取样所得出的取样信号在 τ 趋于零的极限情况下，将成为一冲激函数序列。这些冲激函数准确地出现在取样瞬间，它们的强度等于在取样瞬间的幅度，如图 5-4 所示，这就是理想取样信号。

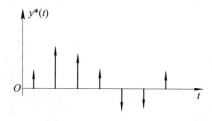

图 5-4　理想冲激取样信号波形

理想取样同样可以看做是连续时间信号对脉冲载波的调幅过程，因而理想冲激取样信号 $y^*(t)$ 可以表示为

$$y^*(t) = x(t)p_\delta(t) = x(t)\sum_{n=-\infty}^{\infty}\delta(t-nT) \tag{5-1}$$

$\delta(t-nT)$ 只有在 $t=nT$ 时非零，因此，式$(5-1)$中 $x(t)$ 值只有当 $t=nT$ 时才有意义，故有

$$y^*(t) = \sum_{n=-\infty}^{\infty} x(nT)\delta(t-nT) \tag{5-2}$$

3. 取样定理

是不是所有时间间隔的理想取样都能反映原连续信号的基本特征呢？答案是否定的。例如，有一个连续信号 $y(t)=\sin t$，如图 $5-5$(a)所示，当取样间隔 $T=\pi$ 秒时，所得的理想取样序列为 $y(nT)=\sin n\pi=0$，其信号图如图 $5-5$(b)所示；当取样间隔 $T=\dfrac{\pi}{2}$ 秒时，所得的理想取样序列 $y(nT)=\sin\left(n\dfrac{\pi}{2}\right)$，其信号图如图 $5-5$(c)所示；当取样间隔 $T=\dfrac{\pi}{6}$ 秒时，所得的理想取样序列 $y(nT)=\sin\left(n\dfrac{\pi}{6}\right)$，其信号图如图 $5-5$(d)所示。

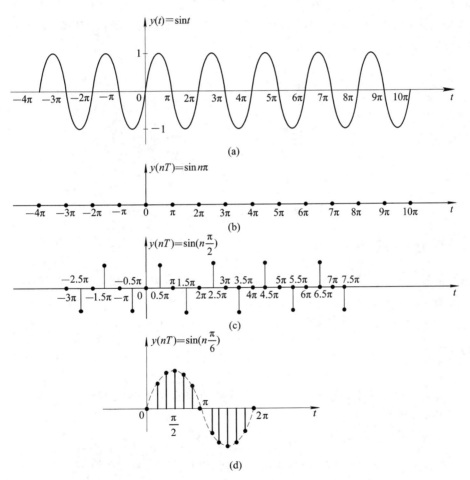

图 $5-5$　$y(t)=\sin t$ 的信号图

把连续的模拟信号经过取样、量化、编码、转变成离散的数字信号的过程称为模拟—数字转换（A/D 转换）；相反，把数字信号转变成模拟信号的过程称为数字—模拟转换（D/A 转换）。利用这样的转换，可以把模拟信号转换成数字信号，如图 $5-6$ 所示。

图 5 - 6　模拟信号数据处理过程

5.1.2　离散时间信号的表示

序列 x 以 $x(n)$ 表示第 n 个数值，n 表示 $x(n)$ 在序列 x 前后变量的序号，则 x 可以用公式表示为

$$x = \{x(n)\} \qquad n \in (-\infty, \infty) \tag{5-3}$$

或表示为

$$x(n) \qquad n \in (-\infty, \infty)$$

离散时间信号也常用图形描述，如图 5 - 7 所示，用有限长线段表示数值大小。虽然横坐标画成一条连续的直线，但 $x(n)$ 仅对于整数值 n 才有定义，而对于非整数值 n 没有定义，此时认为 $x(n)$ 为零是不正确的。

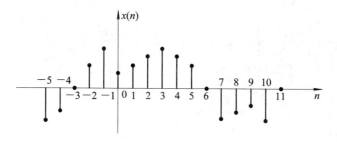

图 5 - 7　离散信号图形

5.1.3　序列间的运算

数字信号处理中，常常要在多个序列之间进行有关运算，以便得到一个新序列。最基本的运算是序列相加、相乘以及延时。

1. 序列运算定义

1）相加

$$z(n) = x(n) + y(n) \tag{5-4}$$

式（5-4）中，$z(n)$ 是两个序列 $x(n)$、$y(n)$ 对应项相加形成的新的序列。

2）相乘

$$z(n) = x(n) \cdot y(n) \tag{5-5}$$

式（5-5）中，$z(n)$ 是两个序列 $x(n)$、$y(n)$ 对应项相乘形成的新的序列。

3）标量相乘

$$z(n) = ax(n) \tag{5-6}$$

式（5-6）中，$z(n)$ 是 $x(n)$ 每项乘以常数 a 形成的新的序列。

4）时移（时延、移序、移位、位移）

$$z(n) = x(n-m) \qquad m > 0 \tag{5-7}$$

式(5 - 7)中，$z(n)$ 是原序列 $x(n)$ 每项右移 m 位形成的新的序列。

$$z(n) = x(n+m) \qquad m > 0 \tag{5-8}$$

式(5 - 8)中，$z(n)$ 是原序列 $x(n)$ 每项左移 m 位形成的新的序列。

序列 $x(n-1)$ 如图 5 - 8 所示。

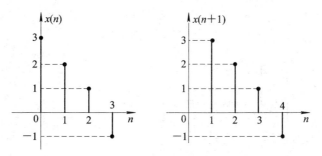

图 5 - 8　序列的右移序

序列 $x(n+1)$ 如图 5 - 9 所示。

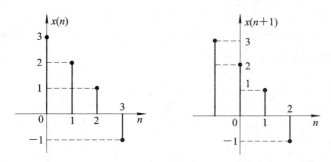

图 5 - 9　序列的左移序

5) 折叠序列

$$z(n) = x(-n) \tag{5-9}$$

式(5 - 9)中，$z(n)$ 是原序列 $x(n)$ 以纵轴为对称轴翻转 $180°$ 形成的新的序列。

折叠位移序列

$$z(n) = x(-n \pm m) \tag{5-10}$$

式(5 - 10)中，$z(n)$ 是由 $x(-n)$ 向右或向左移 m 位形成的新的序列。

折叠序列与折叠位移序列如图 5 - 10 所示。

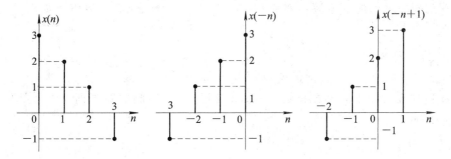

图 5 - 10　序列的折叠位移

6) 尺度变换

$$y(n)=x(mn) \tag{5-11}$$

式(5-11)是 $x(n)$ 序列每隔 m 点取一点形成的，即时间轴 n 压缩至原来的 $1/m$。例如当 $m=2$ 时，序列如图 5-11 所示。

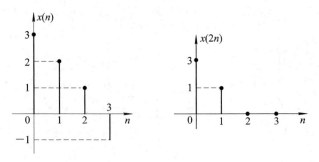

图 5-11　序列的压缩

$$y(n)=x\left(\frac{n}{m}\right) \tag{5-12}$$

式(5-12)是 $x(n)$ 序列每一点加 $m-1$ 个零值点形成的，即时间轴 n 扩展了原来的 m 倍。例如当 $m=2$ 时，序列如图 5-12 所示。

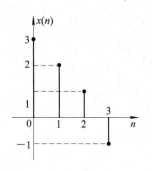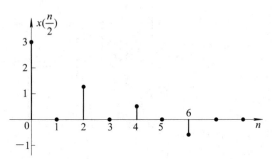

图 5-12　序列的扩展

2. 序列运算符号表示

1) 序列相乘

$$w(n)=x(n) \cdot y(n)$$

表示两序列同一时刻的取值逐个对应相乘所形成的新序列，其运算符号如图 5-13(a) 所示。

2) 序列相加减

$$w(n)=x(n) \pm y(n)$$

表示两序列对应的同一时刻取值逐一相加（或相减）所形成的新序列，其运算符号如图 5-13(b)所示。

3) 序列标乘

$$w(n)=ax(n)=y(n)$$

表示序列 x 的每个取样值同乘以常数 a 所形成的新序列，其运算符号如图 5-13(c)所示。

4) 序列延时

若序列 $y(n)$ 满足取值 $y(n)=x(n-n_0)$，则称序列 $y(n)$ 是序列 $x(n)$ 延时 n_0 个取样间隔的结果，式中 n_0 为整数。当 $n_0=1$ 时，称为单位延时。其运算符号如图 5 - 13 (d)所示。

5) 序列分支

一个序列加到系统中两点或更多点的过程称为分支运算，其运算表示符号如图 5 - 13(e)所示。

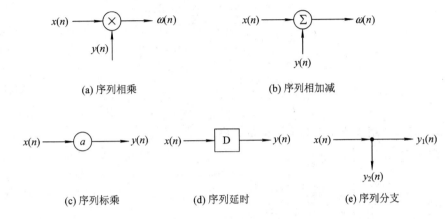

(a) 序列相乘　　　　　　　　　　　(b) 序列相加减

(c) 序列标乘　　　　(d) 序列延时　　　　(e) 序列分支

图 5 - 13　离散时间序列的运算

5.1.4　常用的典型序列

下面介绍两种常用典型序列，它们在分析和表示复杂序列时能起到重要作用。

1. 单位序列的表达式

单位序列的表达式为

$$\delta(n) = \begin{cases} 0 & n \neq 0 \\ 1 & n = 0 \end{cases} \qquad (5-13)$$

2. 单位阶跃序列的表达式

单位阶跃序列的表达式为

$$u(n) = \begin{cases} 0 & n < 0 \\ 1 & n \geqslant 0 \end{cases} \qquad (5-14)$$

当 $n<0$ 时，其序列的值为 0，而当 $n \geqslant 0$ 时，序列的值都为 1，其波形图如图 5 - 14(a)所示，而 $u(-n)$ 的波形图如图 5 - 14(b)所示。

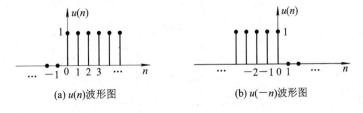

(a) $u(n)$波形图　　　　　　　(b) $u(-n)$波形图

图 5 - 14　$u(n)$、$u(-n)$波形图

【例 5－1】　试用单位阶跃序列表示单位序列。

解　由

$$u(n) = \begin{cases} 0 & n < 0 \\ 1 & n \geqslant 0 \end{cases}$$

可知

$$u(n-1) = \begin{cases} 0 & n-1 < 0 \\ 1 & n-1 \geqslant 0 \end{cases}$$

$$u(n-1) = \begin{cases} 0 & n < 0 \\ 1 & n \geqslant 0 \end{cases}$$

$$\delta(n) = \begin{cases} 0 & n \neq 0 \\ 1 & n = 0 \end{cases}$$

$$\delta(n) = u(n) - u(n-1) \qquad\qquad (5-15)$$

【例 5－2】　试用单位序列表示单位阶跃序列。

解　因为

$$\delta(n) = \begin{cases} 0 & n \neq 0 \\ 1 & n = 0 \end{cases}$$

$$\delta(n-1) = \begin{cases} 0 & n \neq 1 \\ 1 & n = 1 \end{cases}$$

$$\delta(n-2) = \begin{cases} 0 & n \neq 2 \\ 1 & n = 2 \end{cases}$$

$$\delta(n-3) = \begin{cases} 0 & n \neq 3 \\ 1 & n = 3 \end{cases}$$

$$\delta(n-m) = \begin{cases} 0 & n \neq m \\ 1 & n = m \end{cases}$$

显然可以把 $u(n)$ 看作是由无穷多个单位取样序列叠加而成的，故

$$u(n) = \sum_{m=0}^{\infty} \delta(n-m) \qquad\qquad (5-16)$$

【例 5－3】　试用单位序列表示矩形序列

$$R(n) = \begin{cases} 1 & 0 \leqslant n \leqslant N-1 \\ 0 & n < 0 \text{ 或 } n > N \end{cases}$$

解　由图 5－15 所示的矩形序列图，明显可见

$$R(n) = u(n) - u(n-N)$$

$$u(n) = \sum_{m=0}^{\infty} \delta(n-m)$$

$$R(n) = \sum_{m=0}^{N-1} \delta(n-m)$$

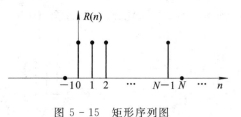

图 5－15　矩形序列图

由以上几个例子我们不难归纳出如下结论：任意序列都可以表示成多个甚至无穷多个经标乘的延时的单位序列之和。

一般情况下，序列 $x(n)$ 可表示为

$$x(n) = \sum_{m=-\infty}^{\infty} x(m)\delta(n-m) \qquad (5-17)$$

5.2　离散时间系统

5.2.1　离散时间系统的差分方程

离散时间系统的基本运算有延时、乘法和加法，基本运算可以由基本运算单元实现。

1. 离散时间系统基本运算单元的表示方法

离散时间系统基本运算单元可以用框图及流图表示。

（1）延时器框图及流图如图 5 - 16 所示。

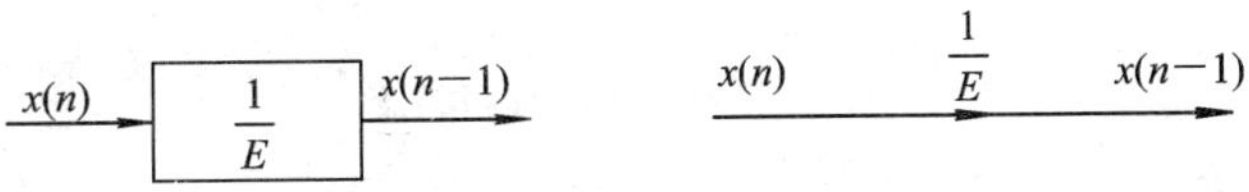

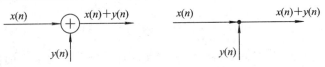

图 5 - 16　延时器框图及流图

（2）加法器框图及流图如图 5 - 17 所示。

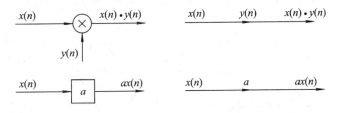

图 5 - 17　延时器框图及流图

（3）乘法器框图及流图如图 5 - 18 所示。

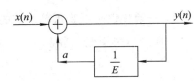

图 5 - 18　乘法器框图及流图

2. 离散时间系统的差分方程

线性时不变连续系统是由常系数微分方程描述的，而线性时不变离散系统是由常系数差分方程描述的。在差分方程中，包含有未知离散变量的 $y(n)$、$y(n+1)$、$y(n+2)$ … $y(n-1)$、$y(n-2)$、… 下面举例说明系统差分方程的建立方法。

【例 5 - 4】 系统框图如图 5 - 19 所示，写出其差分方程。

解 其差分方程为

$$y(n) = ay(n-1) + x(n)$$

或

$$y(n) - ay(n-1) = x(n) \qquad (5-18)$$

图 5 - 19　离散时间系统

式(5-18)左边由未知序列 $y(n)$ 及其移位序列 $y(n-1)$ 构成，因为仅差一个移位序列，所以是一阶差分方程。若还包括未知序列的移位项 $y(n-2)\cdots y(n-N)$，则构成 N 阶差分方程。

未知(待求)序列变量序号最高与最低值之差是差分方程阶数，各未知序列序号以递减方式给出 $y(n)$、$y(n-1)$、$y(n-2)$、$\cdots$、$y(n-N)$，称为后向形式差分方程。一般因果系统用后向形式比较方便。各未知序列序号以递增方式给出 $y(n)$、$y(n+1)$、$y(n+2)$、$\cdots$、$y(n+N)$，称为前向形式差分方程。在状态变量分析中习惯用前向形式。

【例 5-5】 系统框图如图 5-20 所示，写出其差分方程。

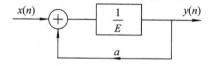

图 5-20　离散时间系统

解　差分方程为

$$y(n+1) = ay(n) + x(n)$$

或

$$y(n) = \frac{1}{a}\big[y + (n+1) - x(n)\big] \tag{5-19}$$

这是一阶前向差分方程，与后向差分方程形式相比较，仅是输出信号的输出端不同。前者是从延时器的输入端取出，后者是从延时器的输出端取出。

当系统的阶数不高，并且激励不复杂时，用迭代(递推)法可以求解差分方程。

【例 5-6】 已知 $y(n)=ay(n-1)+x(n)$，且 $y(n)=0$，$n<0$，$x(n)=\delta(n)$，求 $y(n)$。

解
$$y(0) = ay(-1) + x(0) = \delta(n) = 1$$
$$y(1) = ay(0) + x(1) = a$$
$$y(2) = ay(1) + x(2) = a^2$$
$$\vdots$$
$$y(n) = a^n u(n)$$

5.2.2　零输入响应与零状态响应

在离散系统分析中，完全响应通常是零输入响应与零状态响应之和，即

$$y(n) = y_{zi}(n) + y_{zs}(n) \tag{5-20}$$

其中，零输入响应 $y_{zi}(n)$ 是由系统的初始状态引起的；零状态响应 $y_{zs}(n)$ 是当初始状态为零时，仅由系统的外加输入 $f(n)$ 引起的。

1. 一阶线性时不变离散系统的零输入响应

一阶线性时不变离散系统的齐次差分方程的一般形式为

$$\begin{cases} y(n) - ay(n-1) = 0 \\ y(0) = C \end{cases}$$

将差分方程改写为

$$y(n) - ay(n-1) = 0 \qquad (5-21)$$

用递推迭代法，$y(n)$ 仅与前一时刻 $y(n-1)$ 有关，以 $y(0)$ 为起点

$$y(1) = ay(0)$$
$$y(2) = ay(1) = a^2 y(0)$$
$$y(3) = ay(2) = a^3 y(0)$$
$$\cdots$$

当 $n \geqslant 0$ 时，齐次方程解为

$$y(n) = y(0)a^n = Ca^n \qquad (5-22)$$

由式 (5-22) 可见，$y(n)$ 是一个公比为 a 的几何级数，其中 C 取决于初始条件 $y(0)$，这就是式 (5-21) 一阶系统的零输入响应。

利用递推迭代法的结果，可以直接写出一阶差分方程解的一般形式，因为一阶差分方程的特征方程为

$$\alpha - a = 0 \qquad (5-23)$$

由特征方程解出其特征根

$$\alpha = a$$

与齐次微分方程相似，得到特征根 a 后，就得到一阶差分方程齐次解的一般模式为 Ca^n，其中 C 由初始条件 $y(0)$ 决定。

2. N 阶线性时不变离散系统的零输入响应

有了一阶齐次差分方程解的一般方法，将其推广至 N 阶齐次差分方程，有

$$\begin{cases} y(n+N) + a_{N-1}y(n+N-1) + \cdots + a_1 y(n+1) + a_0 y(n) = 0 \\ y(0), \ y(1), \ \cdots, \ y(N-1) \end{cases} \qquad (5-24)$$

N 阶齐次差分方程的特征方程为

$$\alpha^N + a_{N-1}\alpha^{N-1} + \cdots + a_1 \alpha + a_0 = 0 \qquad (5-25)$$

（1）当特征根均为单根时，特征方程可以分解为

$$(\alpha - \alpha_1)(\alpha - \alpha_2)\cdots(\alpha - \alpha_N) = 0$$

利用一阶齐次差分方程解的一般形式，可类推得

$$\alpha - \alpha_1 = 0 \rightarrow C_1 \alpha_1^n$$
$$\alpha - \alpha_2 = 0 \rightarrow C_2 \alpha_2^n$$
$$\vdots$$
$$\alpha - \alpha_N = 0 \rightarrow C_N \alpha_N^n$$

N 阶线性齐次差分方程的解是这 N 个线性无关解的线性组合，即

$$y(n) = C_1 \alpha_1^n + C_2 \alpha_2^n + \cdots + C_N \alpha_N^n \qquad (5-26)$$

式中，C_1、C_2、$\cdots$、C_N 由 $y(0)$、$y(1)$、$\cdots$、$y(N-1)$ 等 N 个边界条件确定。

$$\begin{cases} y(0) = C_1 + C_2 + \cdots + C_N \\ y(1) = C_1 \alpha_1 + C_2 \alpha_2 + \cdots + C_N \alpha_N \\ \vdots \\ y(N-1) = C_1 \alpha_1^{N-1} + C_2 \alpha_2^{N-1} + \cdots + C_N \alpha_N^{N-1} \end{cases} \qquad (5-27)$$

矩阵形式为

$$
\begin{bmatrix} y(0) \\ y(1) \\ \vdots \\ y(N-1) \end{bmatrix} = \begin{bmatrix} 1 & 1 & \cdots & 1 \\ \alpha_1 & \alpha_2 & \cdots & \alpha_N \\ \vdots & \vdots & & \vdots \\ \alpha_1^{N-1} & \alpha_2^{N-1} & \cdots & \alpha_N^{N-1} \end{bmatrix} \begin{bmatrix} C_1 \\ C_2 \\ \vdots \\ C_N \end{bmatrix} \tag{5-28}
$$

即

$$
[Y] = [V][C] \tag{5-29}
$$

其系数解为

$$
[C] = [V]^{-1}[Y] \tag{5-30}
$$

(2) 当特征方程中 α_1 是 m 阶重根时,其特征方程为

$$
(\alpha - \alpha_1)^m (\alpha - \alpha_{m+1}) \cdots (\alpha - \alpha_N) = 0 \tag{5-31}
$$

式(5-31)中,$(\alpha - \alpha_1)^m$ 对应的解为 $(C_1 + C_2 n + \cdots C_m n^{m-1})\alpha_1^n$,此时零输入解的模式为

$$
y(n) = (C_1 + C_2 n + \cdots + C_m n^{m-1})\alpha_1^n + C_{m+1}\alpha_{m+1}^n + \cdots + C_N \alpha_N^n \tag{5-32}
$$

式(5-32)中,C_1、C_2、$\cdots$、C_N 由 $y(0)$、$y(1)$、$\cdots$、$y(N-1)$ 等 N 个边界条件确定。

5.2.3　离散信号卷积和

1. 卷积和定义

已知定义在区间 $(-\infty, \infty)$ 上的两个函数 $f_1(n)$ 和 $f_2(n)$,则定义

$$
f(n) \stackrel{\text{def}}{=} \sum_{k=-\infty}^{\infty} f_1(k) f_2(n-k) \tag{5-33}
$$

为 $f_1(n)$ 与 $f_2(n)$ 的卷积和,简称卷积和,记为

$$
f(n) \stackrel{\text{def}}{=} f_1(n) * f_2(n) \tag{5-34}
$$

注意:求和是在变量 k 下进行的,k 为求和变量,n 为参变量,结果仍为 n 的函数。

2. 卷积和求解

$$
f(n) = \sum_{k=-\infty}^{\infty} f_1(k) f_2(n-k) \tag{5-35}
$$

求卷积和的过程可分解为 4 步:

(1) 换元:n 换为 $k \rightarrow f_1(k)$,$f_2(k)$;

(2) 翻转平移:由 $f_2(k)$ 翻转 $\rightarrow f_2(-k)$,右移 $n \rightarrow f_2(n-k)$;

(3) 乘积:$f_1(k) \cdot f_2(n-k)$;

(4) 求和:k 从 $-\infty$ 到 ∞ 对乘积项求和。

注意:n 为参变量。

3. 卷积和性质

(1) 满足乘法的三大定律:交换律、分配律和结合律;

(2) $f(n) * \delta(n) = f(n)$,$f(n) * \delta(n-k_0) = f(n-k_0)$;

(3) $f(n) * \varepsilon(n) = \sum_{i=-\infty}^{n} f(i)$;

(4) $f_1(n-k_1) * f_2(n-k_2) = f_1(n-k_1-k_2) * f_2(n)$;

(5) $\nabla[f_1(n) * f_2(n)] = \nabla f_1(n) * f_2(n) = f_1(n) * \nabla f_2(n)$。

4. 求卷积和举例

【例 5 - 7】　如图 5 - 21 复合系统由三个子系统组成，其中 $h_1(k) = \varepsilon(k)$，$h_2(k) = \varepsilon(k-5)$，求复合系统的单位序列响应 $h(k)$。

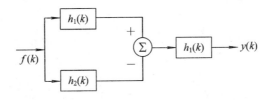

图 5 - 21　复合系统组成

解　根据 $h(k)$ 的定义，有

$$h(k) = [\delta(k) * h_1(k) - \delta(k) * h_2(k)] * h_1(k)$$
$$= [h_1(k) - h_2(k)] * h_1(k)$$
$$= h_1(k) * h_1(k) - h_2(k) * h_1(k)$$
$$= \varepsilon(k) * \varepsilon(k) - \varepsilon(k-5) * \varepsilon(k)$$
$$= (k+1)\varepsilon(k) - (k+1-5)\varepsilon(k-5)$$
$$= (k+1)\varepsilon(k) - (k-4)\varepsilon(k-5)$$

5.2.4　单位响应

由单位序列 $\delta(n)$ 所引起的零状态响应称为单位响应，记为 $h(n)$。

【例 5 - 8】　已知某系统的差分方程为 $y(n) - y(n-1) - 2y(n-2) = f(n)$，求单位序列响应 $h(n)$。

解　根据 $h(k)$ 的定义有

$$h(n) - h(n-1) - 2h(n-2) = \delta(n) \tag{5 - 36}$$

得

$$h(-1) = h(-2) = 0$$

（1）递推求初始值 $h(0)$ 和 $h(1)$。式(5 - 36)移项得

$$h(n) = h(n-1) + 2h(n-2) + \delta(n)$$

故

$$h(0) = h(-1) + 2h(-2) + \delta(0) = 1$$
$$h(1) = h(0) + 2h(-1) + \delta(1) = 1$$

（2）求 $h(n)$。对于 $n > 0$，$h(n)$ 满足齐次方程

$$h(n) - h(n-1) - 2h(n-2) = 0$$

其特征方程为

$$(\lambda + 1)(\lambda - 2) = 0$$

所以

$$h(n) = C_1(-1)^n + C_2(2)^n \qquad n > 0$$
$$h(0) = C_1 + C_2 = 1$$
$$h(1) = -C_1 + 2C_2 = 1$$

解得

$$C_1 = \frac{1}{3}$$

$$C_2 = \frac{2}{3}$$

$$h(n) = \frac{1}{3} * (-1)^n + \frac{2}{3} * (2)^n \qquad n \geqslant 0$$

或写为

$$h(n) = \left[\frac{1}{3} * (-1)^n + \frac{2}{3} * (2)^n \right] \varepsilon(n)$$

5.3 卷积和求零状态响应

5.3.1 离散序列的分解

任意离散序列 $f(n)$ 可表示为

$$f(n) = \cdots + f(-1)\delta(n+1) + f(0)\delta(n) + f(1)\delta(n-1) + f(2)\delta(n-2)$$
$$+ \cdots f(k)\delta(n-k) + \cdots$$
$$= \sum_{k=-\infty}^{\infty} f(k)\delta(n-k) \tag{5-37}$$

5.3.2 卷积和求零状态响应

根据 $h(k)$ 定义 $\delta(n) \to h(n)$

由时不变性 $\delta(n-k) \to h(n-k)$

由齐次性 $f(k)\delta(n-k) \to f(k)h(n-k)$

由叠加性 $\displaystyle\sum_{k=-\infty}^{\infty} f(k)\delta(n-k) \to \sum_{k=-\infty}^{\infty} f(k)h(n-k)$

可以得到零状态响应

$$y_{zs}(k) = \sum_{k=-\infty}^{\infty} f(k)h(n-k) \tag{5-38}$$

用卷积和表示，有

$$y_{zs}(n) = f(n) * h(n) \tag{5-39}$$

习　题　5

一、填空题

1. 离散系统的输入和输出信号都是离散时间函数（序列）。这种系统的工作情况，不能用_____来描述，而必须采用_____来描述。

2. 差分方程的齐次解也称为系统的_____，特解也称为_____，其全解称为_____。

3. 离散时间系统的模拟可用_____、_____和_____的组成来实现。

4. 卷积的计算方法有_____、_____和_____。

5. 系统响应可以分别求仅由系统_____决定的_____和仅由_____决定的_____，然后将这两种响应进行叠加。

二、选择题

1. 系统的全响应不包括(　　)。

　　(A) 零输入响应　　　　　　　(B) 单位响应

　　(C) 受迫响应　　　　　　　　(D) 零状态响应

2. 已知差分方程 $y(k)-6y(k-1)+9y(k+2)=0$，$y(0)=3$，$y(1)=3$，它的齐次解为(　　)。

　　(A) $y(k)=(2-3k)3^k$　　　　$k\geq0$

　　(B) $y(k)=(3+2k)3^k$　　　　$k\geq0$

　　(C) $y(k)=(3-2k)3^k$　　　　$k\geq0$

　　(D) $y(k)=(2+3k)3^k$　　　　$k\geq0$

3. $k\varepsilon(k)*\delta(k-2)$ 的卷积和为(　　)。

　　(A) $(k-2)\varepsilon(k-2)$　　　　　(B) $(k+2)\varepsilon(k-2)$

　　(C) $(k-2)\varepsilon(k+2)$　　　　　(D) $(k+2)\varepsilon(k+2)$

4. 序列和 $\sum\limits_{n=\infty}^{\infty}\delta(n)$ 等于(　　)。

　　(A) 1　　　　　　　　　　　(B) ∞

　　(C) $u(n)$　　　　　　　　　(D) $(n+1)u(n)$

5. 已知系统的单位响应 $h(n)$ 如下所示，其为稳定因果系统的是(　　)。

　　(A) $\delta(n+4)$　　　　　　　(B) $3^n u(-n)$

　　(C) $u(3-n)$　　　　　　　　(D) $0.5^n u(n)$

三、计算分析题

1. 求解下列齐次差分方程：

(1) $y(k)-\dfrac{1}{2}y(k-1)=0$，$y(0)=1$；

(2) $y(k)+3y(k-1)=0$，$y(1)=1$；

(3) $y(k)+3y(k-1)+2y(k-2)=0$，$y(-1)=0$，$y(-2)=1$；

(4) $y(k)+y(k-2)=0$，$y(0)=1$，$y(1)=2$；

(5) $y(k)-7y(k-1)+16y(k-2)-12(k-3)=0$，$y(1)=-1$，$y(2)=-3$，
　　　$y(3)=-5$。

2. 根据下面离散时间系统原理框图，写出其相应的差分方程。其中，图 5 - 22(a)所示为一阶离散控制系统，图 5 - 22(b)所示为一阶递推型离散滤波器，图 5 - 22(c)所示为非递推型离散滤波器。

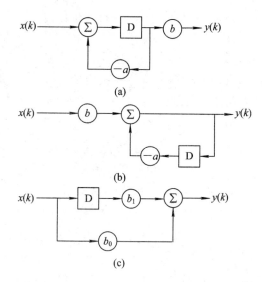

图 5 - 22　计算分析题 2 图

3. 求下列差分方程所代表系统的零输入响应:

(1) $y(k+1)+2y(k)=0$, $y(0)=1$;

(2) $y(k+2)+5y(k+1)+6y(k)=0$, $y(0)=2$, $y(1)=1$;

(3) $y(k+2)+2y(k+1)+2y(k)=0$, $y(0)=0$, $y(1)=1$;

(4) $y(k+2)+2y(k+1)+y(k)=0$, $y(0)=1$, $y(1)=0$;

(5) $y(k+3)-2\sqrt{2}y(k+2)+y(k+1)=0$, $y(0)=y(1)=1$, $y(2)=0$。

4. 求下列差分方程所代表系统的单位响应 $h(k)$:

(1) $y(k+2)-0.6y(k+1)-0.16y(k)=x(k)$;

(2) $y(k+3)-2\sqrt{2}y(k+2)+y(k+1)=x(k)$;

(3) $y(k+2)-y(k+1)+0.25y(k)=x(k)$;

(4) $y(k+2)+y(k)=x(k)$;

(5) $y(k+2)-y(k)=x(k+1)-x(k)$。

5. 试判断下列每一个系统的因果性:

(1) $h(n)=\left(\dfrac{1}{3}\right)^{n}u(n)$;

(2) $h(n)=(0.8)^{n}u(n-3)$;

(3) $h(n)=(0.8)^{n}u(-n)$;

(4) $h(n)=\left(\dfrac{1}{4}\right)^{n}u(2-n)$。

第 6 章　离散时间系统的 z 域分析

——$\mathscr{L}$ 变换

　　本章首先介绍 $\mathscr{L}$ 变换的定义，然后讨论 $\mathscr{L}$ 变换的性质、收敛域，学习 $\mathscr{L}$ 反变换的解法。在此基础上，着重讨论离散系统的 $\mathscr{L}$ 变换分析法以及利用离散系统零极点的分布来分析系统的频率特性，最后简要介绍 $\mathscr{L}$ 变换在数字滤波器中的应用。

6.1　$\mathscr{L}$ 变换

6.1.1　$\mathscr{L}$ 变换及其收敛域

1. $\mathscr{L}$ 变换的定义

　　具有单位响应 $h(n)$ 的离散时间非时变系统，对于复指数信号 z^n 的输出响应 $y(n)$ 为

$$y(n) = h(n) * z^n = \sum_{k=-\infty}^{\infty} h(k) z^{n-k} = \Big(\sum_{k=-\infty}^{\infty} h(k) z^{-k} \Big) z^n$$

如果令 $y(n) = H(z) z^n$，则有

$$H(z) = \sum_{k=-\infty}^{\infty} h(k) z^{-k}$$

其中，$H(z)$ 是复变量 $z = re^{j\omega}$ 的函数，r 是 z 的模，ω 是 z 的相角。一般来说，常把具有单位响应 $h(n)$ 的离散时间非时变系统的双边 $\mathscr{L}$ 变换（简称 $\mathscr{L}$ 变换）定义为

$$H(z) = \sum_{n=-\infty}^{\infty} h(n) z^{-n} \tag{6-1}$$

而对信号 $x(n)$ 的双边 $\mathscr{L}$ 变换定义为

$$X(z) = \sum_{n=-\infty}^{\infty} x(n) z^{-n} \tag{6-2}$$

　　通常用 $\mathscr{L}\{X(n)\}$ 表示信号 $x(n)$ 的 $\mathscr{L}$ 变换。它们之间的关系也常常记为 $x(n) \leftrightarrow X(z)$ 或 $X(z) = \mathscr{L}\{x(n)\}$。正像有双边和单边拉普拉斯变换一样，$\mathscr{L}$ 变换也分为单边 $\mathscr{L}$ 变换和双边 $\mathscr{L}$ 变换。式（6-2）所示的是双边 $\mathscr{L}$ 变换，而单边 $\mathscr{L}$ 变换定义为

$$X(z) = \sum_{n=0}^{\infty} x(n) \cdot z^{-n} \tag{6-3}$$

　　对于因果序列，当 $n < 0$ 时，$x(n) = 0$，则单边和双边 $\mathscr{L}$ 变换相等，否则两者就不一样。

【例 6 - 1】 已知 $x(n) = u(n)$，求其 $\mathscr{Z}$ 变换表达式。

解 由式(6 - 2)可知

$$X(z) = \sum_{n=-\infty}^{\infty} u(n) z^{-n} = \sum_{n=0}^{\infty} z^{-n} = 1 + z^{-1} + z^{-2} + \cdots \tag{6-4}$$

由等比数列求和的性质可知：式(6 - 4)的级数在 $|z^{-1}| \geqslant 1$ 时是发散的，只有在 $|z^{-1}| < 1$ 时才收敛。这时无穷级数可以用封闭形式表示为

$$X(z) = \sum_{n=0}^{\infty} z^{-n} = \frac{1}{1 - z^{-1}} \qquad 1 < |z| \leqslant \infty \tag{6-5}$$

任何序列的 $\mathscr{Z}$ 变换一般可以有两种表达形式，一种如式(6 - 4)的级数形式，另一种如式(6 - 5)的封闭形式。但任何封闭形式都只是表示 z 平面上的一定收敛域内的函数。例如上例 $u(n)$ 的 $\mathscr{Z}$ 变换只在 $|z| > 1$ 的范围内收敛。按式(6 - 2)求得 $x(n)$ 的 $\mathscr{Z}$ 变换后，还必须同时判明它的收敛域，才算全部完成了求 $x(n)$ 的 $\mathscr{Z}$ 变换的任务。同时由于 $X(z)$ 收敛域的不同，其意义也不同，所以收敛域对 $\mathscr{Z}$ 变换来说是极其重要的，应该很好地加以研究。

2. $\mathscr{Z}$ 变换的收敛域

定义 使给定序列 $x(n)$ 的 $\mathscr{Z}$ 变换 $X(z)$ 中的求和级数收敛的 z 的集合称 $\mathscr{Z}$ 变换的收敛域。

根据级数理论，$\sum\limits_{n=-\infty}^{\infty} x(n) z^{-n}$ 收敛的充要条件是

$$\sum_{n=-\infty}^{\infty} |x(n) z^{-n}| < \infty \tag{6-6}$$

要满足不等式(6 - 6)，$|z|$ 值必须在一定范围之内才行，这个范围就是收敛域。一般收敛域用环状域表示，即

$$R_{x^-} < |z| < R_{x^+}$$

收敛域是分别以 R_{x^-} 和 R_{x^+} 为半径的两个圆所围成的环状域(图 6 - 1 中的阴影部分)。R_{x^-} 和 R_{x^+} 称为收敛半径。当然 R_{x^-} 可以小到零，R_{x^+} 可以大到无穷大。

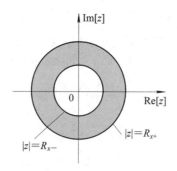

图 6 - 1 $\mathscr{Z}$ 变换的环状收敛域

对于任意给定的有界序列 $x(n)$，满足式(6 - 6)的所有 z 的集合，称为 $X(z)$ 的收敛域，简写为 ROC。

由式(6 - 6)已知，$X(z)$ 的收敛域不仅与 $|z|$ 有关，还与序列 $x(n)$ 的特性有关。根据两者之间的关系分不同情况讨论。

1）有限长序列

对于序列 $x(n)=\begin{cases}x(n) & n_1\leqslant n\leqslant n_2 \\ 0 & \text{其他 } n\end{cases}$，其 $\mathscr{Z}$ 变换 $X(z)=\displaystyle\sum_{n=n_1}^{n_2}x(n)z^{-n}$ 的收敛域为 $0<|z|<\infty$。

因为 $X(z)$ 是有限项的级数和，只要级数每一项有界，有限项的级数和也有界，所以有限长序列 $\mathscr{Z}$ 变换的收敛域取决于 $|z|^{-n}<\infty$，$n_1\leqslant n\leqslant n_2$。

显然 $|z|$ 在整个开域 $(0,\infty)$ 都能满足以上条件，因此有限长序列的收敛域是除了 0 及 ∞ 两个点（对应 $n>0$ 和 $n<0$ 不收敛）以外的整个 z 平面：$0<|z|<\infty$。如果对 n_1 和 n_2 加以一定的限制，如 $n_1\geqslant 0$ 或 $n_2\leqslant 0$，则根据条件 $|z|^{-n}<\infty$（$n_1\leqslant n\leqslant n_2$），收敛域可进一步扩大为包括 0 点或 ∞ 的半开域，即

$$\begin{cases}0<|z|\leqslant\infty & n_1\geqslant 0 \\ 0\leqslant|z|<\infty & n_2\leqslant 0\end{cases}$$

【例 6 - 2】　矩形序列 $X(n)=R_N(n)$，求 $X(z)$。

解　　　$X(z)=\displaystyle\sum_{n=0}^{N-1}z^{-n}=1+z^{-1}+z^{-2}-1+\cdots+z^{-(N-1)}$

等比级数求和

$$X(z)=\frac{1-z^{-N}}{1-z^{-1}},\qquad 0<|z|\leqslant\infty$$

2）右边序列

右边序列指 $x(n)$ 只在 $n\geqslant n_1$ 时有值，而当 $n<n_1$ 时，$x(n)=0$，这时 $X(z)=\displaystyle\sum_{n=n_1}^{\infty}x(n)z^{-n}$，其收敛域为半径是 R_{x-} 以外的 z 平面，即 $|z|>R_{x-}$。

证明　如果 $n_1<0$，则选择任一整数 $n_2>0$，使得

$$\sum_{n=n_1}^{\infty}|x(n)z^{-n}|=\sum_{n=n_1}^{n_1}|x(n)z^{-n}|+\sum_{n=n_1+1}^{\infty}|x(n)z^{-n}|$$

由于第一项为有限长序列的 $\mathscr{Z}$ 变换，在 $(0,\infty)$ 收敛。对于第二项，总能在 $(0,\infty)$ 找到 $|z|=R$（如 $R\geqslant 2\max[X(n)]$），满足

$$\sum_{n=n_1+1}^{\infty}|x(n)|R^{-n}<\infty$$

所以 $X(z)$ 在 $|z|=R$ 上收敛。

由此可进一步证明，在 R 圆以外，即 $R<|z|<\infty$，$X(z)$ 也必收敛。

再看第二项，由于 $n>n_2\geqslant 0$，$|z|>R$，因此 $|z^{-n}|>R^{-n}$，故：

$$\sum_{n=n_1+1}^{\infty}|x(n)z^{-n}|=\sum_{n=n_1+1}^{\infty}|x(n)||z^{-n}|<\sum_{n=n_1+1}^{\infty}|x(n)|R^{-n}<\infty$$

所以

$$\sum_{n=n_1}^{\infty}|x(n)z^{-n}|<\infty,\qquad R<|z|<\infty$$

由此证明右边序列的收敛域为 $|z|>R_x^{-n}$。

右边序列中最重要的一种序列是"因果序列"，即 $n_1=0$ 的右边序列，因果序列只在 $n \geqslant 0$ 有值，当 $n<0$ 时，$x(n)=0$，其 $\mathscr{L}$ 变换为

$$X(z) = \sum_{n=0}^{\infty} x(n) z^{-n}$$

$\mathscr{L}$ 变换的收敛域包括 ∞ 是因果序列的特征。

3）**左边序列**

左边序列 $x(n)$ 只在 $n \leqslant n_2$ 有值，当 $n>n_2$ 时，$x(n)=0$。这时 $X(z) = \sum_{n=-\infty}^{n_1} x(n) z^{-n}$，其收敛域在半径为 R_{x^+} 的圆内，即 $|z|<R_{x^+}$。

证明　如 $x(z)$ 在 $|z|=R$ 上收敛，即

$$\sum_{n=-\infty}^{n_1} |x(n)| R^{-n} < \infty$$

则在 $0<|z|<R$ 上也必收敛，任选一整数 $n_1 \leqslant 0$，有

$$\sum_{n=-\infty}^{n_1} |x(n) z^{-n}| = \sum_{n=n_1}^{n_1} |x(n) z^{-n}| + \sum_{n=-\infty}^{n_1-1} |x(n) z^{-n}|$$

所以整个级数在 $|z|<R$ 上有：

$$\sum_{n=-\infty}^{n_1} |x(n) z^{-n}| < \infty, \qquad |z|<R_{x^+}$$

4）**双边序列**

双边序列可看做一个左边序列和一个右边序列之和，因此双边序列 $\mathscr{L}$ 变换的收敛域是这两个序列 $\mathscr{L}$ 变换收敛域的公共部分。

$$X(z) = \sum_{n=-\infty}^{\infty} x(n) z^{-n} = \sum_{n=-\infty}^{n_1} x(n) z^{-n} + \sum_{n=n_1+1}^{\infty} x(n) z^{-n}$$

如果 $R_{x^+}>R_{x^-}$，则存在公共的收敛区间，$X(z)$ 有收敛域，$R_{x^-}<|z|<R_{x^+}$。

如果 $R_{x^+}<R_{x^-}$，则无公共收敛区间，$X(z)$ 无收敛域，不收敛。

6.1.2　典型信号的 $\mathscr{L}$ 变换

1. 单位阶跃序列 $u(n)$

由于单位阶跃序列 $u(n) = \begin{cases} 1 & n \geqslant 0 \\ 0 & n<0 \end{cases}$，故其 $\mathscr{L}$ 变换为

$$\mathscr{L}[u(n)] = \sum_{n=-\infty}^{\infty} u(n) z^{-n} = \sum_{n=0}^{\infty} z^{-n} \xlongequal{|z^{-1}|<1} \frac{1}{1-z^{-1}} = \frac{z}{z-1}, \quad |z|>1$$

2. 单位冲激序列 $\delta(n)$

对于序列 $\delta(n) = \begin{cases} 1 & n=0 \\ 0 & n \neq 0 \end{cases}$，其 $\mathscr{L}$ 变换为

$$\mathscr{L}[\delta(n)] = \sum_{n=-\infty}^{\infty} \delta(n) z^{-n} = \delta(0) = 1, \quad 0 \leqslant |z| \leqslant \infty$$

3. 单边指数序列 $a^n u(n)$

单边指数序列的 ℒ 变换为

$$\mathscr{L}[a^n u(n)] = \sum_{n=0}^{\infty} a^n z^{-n} \xrightarrow{|az^{-1}|<1} \frac{z}{z-a} \qquad |z|>|a|$$

$$\mathscr{L}[na^n u(n)] = \frac{az}{(z-a)^2} \qquad |z|>|a|$$

$$\mathscr{L}[n^2 a^n u(n)] = \frac{az(z+a)}{(z-a)^3} \qquad |z|>|a|$$

4. 单边正弦与余弦系列

$$\mathscr{L}[\sin n\omega_0 u(n)] = \frac{1}{2j}\{\mathscr{L}[e^{jn\omega_0}u(n)] - \mathscr{L}[e^{-jn\omega_0}u(n)]\}$$

$$= \frac{z\sin\omega_0}{z^2 - 2z\cos\omega_0 + 1} \qquad |z|>1$$

$$\mathscr{L}[\cos n\omega_0 u(n)] = \mathscr{L}\left[\frac{1}{2}(e^{jn\omega_0} + e^{-jn\omega_0})u(n)\right]$$

$$= \frac{1}{2}\{\mathscr{L}[e^{jn\omega_0}u(n)] + \mathscr{L}[e^{-jn\omega_0}u(n)]\}$$

$$= \frac{1}{2}\left[\frac{z}{z - e^{j\omega_0}} + \frac{z}{z - e^{-j\omega_0}}\right]$$

$$= \frac{z(z-\cos\omega_0)}{z^2 - 2z\cos\omega_0 + 1} \qquad |z|>1$$

表 6 - 1 给出了常用序列的 ℒ 变换。

表 6 - 1　常用序列的 ℒ 变换

序号	$f(n)$, $n\geqslant 0$	$F(z)$	收敛域
1	$\delta(n)$	1	全 z 平面
2	$u(n)$	$\dfrac{z}{z-1}$	$|z|>1$
3	$R_N(n)$	$\dfrac{1-z^{-N}}{1-z^{-1}}$	$|z|>0$
4	$a^n u(n)$	$\dfrac{z}{z-a}$	$|z|>|a|$
5	$-a^n u(-n-1)$	$\dfrac{z}{z-a}$	$|z|<|a|$
6	$nu(n)$	$\dfrac{z}{(z-1)^2}$	$|z|>1$
7	$na^n u(n)$	$\dfrac{az}{(z-a)^2}$	$|z|>|a|$
8	$\dfrac{n(n-1)}{2!}u(n)$	$\dfrac{z}{(z-1)^3}$	$|z|>1$
9	$\dfrac{n(n-1)(n-2)\cdots(n-m+1)}{m!}u(n)$	$\dfrac{z}{(z-1)^{m+1}}$	$|z|>1$

序号	$f(n)$，$n \geqslant 0$	$F(z)$	收敛域
10	$(n+1)a^n u(n)$	$\dfrac{z^2}{(z-a)^2}$	$|z| > |a|$
11	$\dfrac{(n+1)(n+2)}{2!}a^n u(n)$	$\dfrac{z^3}{(z-a)^3}$	$|z| > |a|$
12	$\dfrac{(n+1)(n+2)(n+3)\cdots(n+m)}{m!}a^n u(n)$	$\dfrac{z^{m+1}}{(z-a)^{m+1}}$	$|z| > |a|$
13	$-(n+1)a^n u(-n-1)$	$\dfrac{z^2}{(z-a)^2}$	$|z| < |a|$
14	$-\dfrac{(n+1)(n+2)}{2!}a^n u(-n-1)$	$\dfrac{z^3}{(z-a)^3}$	$|z| < |a|$

6.2　$\mathscr{L}$ 变换的性质

$\mathscr{L}$ 变换也可以由它的定义推出许多性质，这些性质表示了函数在时域和 z 域之间的关系，其中有不少可以和拉普拉斯变换的性质相对应。利用这些性质可以非常方便地进行 $\mathscr{L}$ 变换和 $\mathscr{L}$ 反变换的求解。

1. 线性性质

$\mathscr{L}$ 变换是一种线性运算。设 $f_1(n)$、$f_2(n)$ 为双边序列，并且

$$\mathscr{L}\{f_1(n)\} = F_1(z) \qquad \rho_{11} < |z| < \rho_{12}$$

$$\mathscr{L}\{f_2(n)\} = F_2(z) \qquad \rho_{21} < |z| < \rho_{22}$$

则

$$\mathscr{L}\{af_1(n) + bf_2(n)\} = aF_1(z) + bF_2(z) \qquad (6-7)$$

式 $(6-7)$ 中，a、b 为任意常数，其收敛域至少是两个函数收敛的公共部分，并且可推广到多个序列 $\mathscr{L}$ 变换的情况。

【例 6-3】 求余弦序列 $\cos k\omega_0 u(k)$ 的 $\mathscr{L}$ 变换。

解 因

$$\cos k\omega_0 u(k) = \frac{1}{2}(e^{jk\omega_0} + e^{-jk\omega_0})u(k)$$

根据 $\mathscr{L}$ 变换的线性性质有

$$\begin{aligned}
\mathscr{L}\{\cos k\omega_0 u(k)\} &= \mathscr{L}\left\{\frac{1}{2}(e^{jk\omega_0} + e^{-jk\omega_0})u(k)\right\} \\
&= \mathscr{L}\left\{\frac{1}{2}(e^{jk\omega_0})u(k)\right\} + \mathscr{L}\left\{\frac{1}{2}(e^{-jk\omega_0})u(k)\right\} \\
&= \frac{1}{2}\frac{z}{z - e^{jk\omega_0}} + \frac{1}{2}\frac{z}{z - e^{-jk\omega_0}} \\
&= \frac{z(z - \cos\omega_0)}{z^2 - 2z\cos\omega_0 + 1} \qquad |z| > 1
\end{aligned}$$

同理，可推得

$$\mathscr{L}\{\sin k\omega_0 u(k)\} = \frac{z\,\sin\omega_0}{z^2 - 2z\,\cos\omega_0 + 1} \qquad |z| > 1$$

2. 移位性质

1) 双边 $\mathscr{L}$ 变换

若 $\mathscr{L}\{f(k)\} = F(z)$，$\rho_1 < |z| < \rho_2$，则移位序列 $f(k \pm m)$ 的双边 $\mathscr{L}$ 变换为

$$\mathscr{L}\{f(k \pm m)\} = z^{\pm m} F(z) \qquad \rho_1 < |z| < \rho_2 \qquad (6-8)$$

式（6-8）中，m 为任意正整数。

证明　根据双边 $\mathscr{L}$ 变换定义，可得

$$\mathscr{L}\{f(k \pm m)\} = \sum_{k=-\infty}^{\infty} f(k \pm m) z^{-k} = \sum_{k=-\infty}^{\infty} f(k \pm m) z^{-k \pm m} z^{\pm m}$$

$$= z^{\pm m} \sum_{k=-\infty}^{\infty} f(k) z^{-k} = z^{\pm m} F(z) \qquad \rho_1 < |z| < \rho_2$$

可见，把序列 $f(k)$ 沿 k 轴左移 m 个单位变为 $f(k+m)$ 或右移 m 个单位变为 $f(k-m)$，对应的 $\mathscr{L}$ 变换等于原序列 $\mathscr{L}$ 变换 $F(z)$ 与 z^{+m} 或 z^{-m} 的乘积。通常称 $z^{\pm m}$ 为位移因子。由于位移因子仅影响变换式在 $z=0$ 或 $z=\infty$ 处的收敛情况，因此对于具有环形收敛域的序列，位移后其 $\mathscr{L}$ 变换收敛域保持不变。

2) 单边 $\mathscr{L}$ 变换

若 $\mathscr{L}\{f(k)u(k)\} = F(z)$，$|z| > \rho_0$，则当 $f(k)$ 为双边序列时，有

$$\mathscr{L}\{f(k-m)u(k)\} = z^{-m}\left[F(z) + \sum_{k=-m}^{-1} f(k) z^{-k}\right]$$

$$\mathscr{L}\{f(k+m)u(k)\} = z^{m}\left[F(z) - \sum_{k=0}^{m-1} f(k) z^{-k}\right]$$

收敛域为 $|z| > \rho_0$。

当 $f(k)$ 为因果序列（单边右序列）时，有

$$\mathscr{L}\{f(k-m)u(k-m)\} = z^{-m} F(z) \qquad |z| > \rho$$

证明　设 $f(k)$ 为 $f(k)$ 双边序列，由单边 $\mathscr{L}$ 变换定义，可得

$$\mathscr{L}\{f(k-m)u(k)\} = \sum_{k=0}^{\infty} f(k-m) z^{-k} = z^{-m} \sum_{k=0}^{\infty} f(k-m) z^{-(k-m)}$$

$$= z^{-m} \sum_{n=-m}^{\infty} f(n) z^{-n}$$

$$= z^{-m}\left[\sum_{n=0}^{\infty} f(k) z^{-n} + \sum_{n=-m}^{-1} f(n) z^{-n}\right]$$

$$= z^{-m}\left[F(z) + \sum_{k=-m}^{-1} f(k) z^{-k}\right]$$

【例 6-4】　求以下矩形序列的 $\mathscr{L}$ 变换。

$$P_N(k) = \begin{cases} 1 & 0 \leqslant k \leqslant N-1 \\ 0 & k < 0,\ k \geqslant N \end{cases}$$

解　矩形序列 $P_N(k)$ 可用单位阶跃序列 $u(k)$ 与右移 N 个单位的单位阶跃序列 $u(k-N)$ 的差表示，即

$$P_N(k) = u(k) - u(k - N)$$

根据 $\mathscr{L}$ 变换的线性和移位性，得

$$\mathscr{L}\{P_N(k)\} = \mathscr{L}\{u(k) - u(k-N)\} = \frac{z}{z-1} - z^{-N}\frac{z}{z-1}$$

$$= \frac{z(1-z^{-N})}{z-1} \qquad |z| > 1$$

根据移位性，显然有

$$\mathscr{L}\{\delta(k-m)\} = z^{-m} \qquad\qquad |z| > 0$$

$$\mathscr{L}\{u(k-m)\} = z^{-m}\frac{z}{z-1} \qquad |z| > 1$$

式中，m 为正整数。

3. 周期性

若 $f_1(k)$ 是除 $0 \leqslant k < N$ 以外序列值恒为零的有限序列，其 $\mathscr{L}$ 变换为 $F_1(z)$，则由 $f_1(k)$ 组成的单边周期序列 $f(k) = \sum\limits_{n=0}^{\infty} f_1(k-nN)$ 的 $\mathscr{L}$ 变换为

$$F(z) = \frac{F_1(z)}{1 - z^{-N}} \qquad |z| > 1 \tag{6-9}$$

证明：因

$$F(z) = \mathscr{L}\{f_1(k) + f_1(k-N) + f_1(k-2N) + \cdots\}$$

由移位性和线性性质，得

$$F(z) = F_1(z)(1 + z^{-N} + z^{-2N} + z^{-3N} + \cdots)$$

式中的几何级数在 $|z| > 1$ 时收敛为 $1/(1 - z^{-N})$，故有

$$F(z) = \frac{F_1(z)}{(1 - z^{-N})} \qquad |z| > 1$$

【例 6 - 5】 求以下单边周期性单位序列的 $\mathscr{L}$ 变换。

$$\delta_N(k)U(k) = \delta(k) + \delta(k-N) + \delta(k-2N) + \cdots$$

解 因 $\delta_N(k)U(k) = \sum\limits_{n=0}^{\infty} \delta(k-nN)$，且 $\mathscr{L}\{\delta(k)\} = 1$，根据周期性，可得

$$\mathscr{L}\{\delta_N(k)U(k)\} = \frac{1}{1 - z^{-N}} = \frac{z^N}{z^N - 1} \qquad |z| > 1$$

4. z 域尺度变换

若已知序列 $f(k)$ 的 $\mathscr{L}$ 变换为 $F(z)$，其收敛域为 $\rho_1 < |z| < \rho_2$，则

$$\mathscr{L}\{a^k f(k)\} = F\left(\frac{z}{a}\right) \qquad \rho_1 < \left|\frac{z}{a}\right| < \rho_2 \tag{6-10}$$

式（6 - 10）中，a 为常量。

该性质反映在时域中序列 $f(k)$ 乘以指数序列 a^k 等效于其 z 域的尺度伸缩（$|a| > 1$，伸；$|a| < 1$，缩），因此称之为 z 域尺度变换。

证明：因为

$$\mathscr{L}\{a^k f(k)\} = \sum\limits_{k=-\infty}^{\infty} a^k f(k)z^{-k} = \sum\limits_{k=-\infty}^{\infty} f(k)\left(\frac{z}{a}\right)^{-k}$$

由 $\mathscr{L}$ 变换定义可知

$$\mathscr{L}\{a^k f(k)\} = F\left(\frac{z}{a}\right) \qquad \rho_1 < \left|\frac{z}{a}\right| < \rho_2$$

【例 6 - 6】 已知 $f(k) = e^{k\alpha} \cos\omega_0 k U(k)$，$\alpha$ 为实常数，求其 $\mathscr{L}$ 变换 $F(z)$。

解　因为

$$\mathscr{L}\{\cos\omega_0 k U(k)\} = \frac{z(z - \cos\omega_0)}{z^2 - 2z\cos\omega_0 + 1}$$

根据 z 域尺度变换性，可得

$$F(z) = \frac{ze^{-\alpha}(ze^{-\alpha} - \cos\omega_0)}{z^2 e^{-2\alpha} - 2ze^{-\alpha}\cos\omega_0 + 1} = \frac{z(z - e^{-\alpha}\cos\omega_0)}{z^2 - 2ze^{-\alpha}\cos\omega_0 + e^{2\alpha}}$$

其收敛域为 $|ze^{-\alpha}| > 1$，即 $|z| > |e^{\alpha}|$。

5. z 域微分性

设 $\mathscr{L}\{f(k)\} = F(z)$，$\rho_1 < |z| < \rho_2$，则

$$\mathscr{L}\{kf(k)\} = -z\frac{\mathrm{d}F(z)}{\mathrm{d}z} \qquad \rho_1 < |z| < \rho_2 \tag{6-11}$$

证明　$\displaystyle \mathscr{L}\{kf(k)\} = \sum_{k=-\infty}^{\infty} kf(k)z^{-k} = z\sum_{k=-\infty}^{\infty}(kz^{-k-1})f(k)$

$$= z\sum_{k=-\infty}^{\infty}\left[-\frac{\mathrm{d}}{\mathrm{d}z}z^{-k}\right]f(k)$$

交换上式求和与求导的次序，可得

$$\mathscr{L}\{kf(k)\} = -z\frac{\mathrm{d}}{\mathrm{d}z}\sum_{k=-\infty}^{\infty}z^{-k}f(k) = -z\frac{\mathrm{d}}{\mathrm{d}z}F(z)$$

由于 $F(z)$ 是复变量 z 的幂级数，而幂级数的导数或积分是具有同一收敛域的另一个级数，故其收敛域与 $F(z)$ 的收敛域相同。

上述结果可推广到 $f(k)$ 乘以 k 的任意正整数 m 次幂的情况，即有

$$\mathscr{L}\{k^m f(k)\} = \left(-z\frac{\mathrm{d}}{\mathrm{d}z}\right)^m F(z) \qquad \rho_1 < |z| < \rho_2$$

式中，$\left(-z\dfrac{\mathrm{d}}{\mathrm{d}z}\right)^m F(z)$ 表示对 $F(z)$ 求导并乘以 $(-z)$ 共 m 次。

【例 6 - 7】　求下列序列的 $\mathscr{L}$ 变换。

(1) $k^2 u(k)$；

(2) $\dfrac{k(k+1)}{2} u(k)$。

解　因 $U(k)$ 的 $\mathscr{L}$ 变换为 $\dfrac{z}{z-1}$，$|z| > 1$，根据 z 域微分性，有

(1) $\mathscr{L}\{k^2 U(k)\} = \left(-z\dfrac{\mathrm{d}}{\mathrm{d}z}\right)^2 \dfrac{z}{z-1}$

$$= -z\frac{\mathrm{d}}{\mathrm{d}z}\left[-z\frac{\mathrm{d}}{\mathrm{d}z}\left(\frac{z}{z-1}\right)\right]$$

$$= -z\frac{\mathrm{d}}{\mathrm{d}z}\left[\frac{z}{(z-1)^2}\right] = \frac{z^2 + z}{(z-1)^3} \qquad |z| > 1$$

(2) $\mathscr{L}\left\{\dfrac{k(k+1)}{2}U(k)\right\}=\mathscr{L}\left\{\dfrac{k^2}{2}U(k)\right\}+\mathscr{L}\left\{\dfrac{k}{2}U(k)\right\}$

$$=\frac{z^2+z}{2(z-1)^3}+\frac{z}{2(z-1)^2}$$

$$=\frac{z^2}{(z-1)^3}\qquad |z|>1$$

6. z 域积分性

若设 $\mathscr{L}\{f(k)\}=F(z)$，$\rho_1<|z|<\rho_2$，则

$$\mathscr{L}\left\{\frac{f(k)}{k+m}\right\}=z^m\int_z^\infty\frac{F(x)}{x^{m+1}}\mathrm{d}x\qquad\qquad(6-12)$$

且收敛域不变，即 $\rho_1<|z|<\rho_2$，式中 m 为整数，$k+m>0$。

证明

$$\mathscr{L}\left\{\frac{f(k)}{k+m}\right\}=\sum_{k=-\infty}^\infty\frac{f(k)}{k+m}z^{-k}=z^m\sum_{k=-\infty}^\infty f(k)\frac{z^{-(k+m)}}{k+m}$$

$$=z^m\sum_{k=-\infty}^\infty f(k)\int_z^\infty x^{-(k+m+1)}\mathrm{d}x$$

交换上式求和与求积分的次序，得

$$\mathscr{L}\left\{\frac{f(k)}{k+m}\right\}=z^m\int_z^\infty\sum_{k=-\infty}^\infty f(k)x^{-k}x^{-(m+1)}\mathrm{d}x=z^m\int_z^\infty\frac{F(x)}{x^{(m+1)}}\mathrm{d}x$$

其收敛域与 $F(x)$ 的收敛域相同。

若令 $m=0$，则

$$\mathscr{L}\left\{\frac{f(k)}{k}\right\}=\int_z^\infty\frac{F(x)}{x}\mathrm{d}x\qquad k>0$$

【例 6-8】 求下列序列的 $\mathscr{L}$ 变换。

(1) $f_1(k)=\dfrac{U(k)}{k+1}$;

(2) $f_2(k)=\dfrac{U(k-1)}{k}\qquad k\geqslant1$。

解

(1) 由 z 域积分性，得

$$F_1(z)=z\int_z^\infty\frac{x}{x-1}\cdot x^{-2}\,\mathrm{d}x=z\int_z^\infty\frac{1}{x(x-1)}\,\mathrm{d}x$$

$$=z\int_z^\infty\left(\frac{1}{x-1}-\frac{1}{x}\right)\mathrm{d}x=z\left(\ln\frac{1}{z-1}-\ln\frac{1}{z}\right)$$

$$=z\ln\frac{z}{z-1}\qquad |z|>1$$

(2) 因为

$$\mathscr{L}\{U(k-1)\}=\frac{1}{z-1}\qquad |z|>1$$

根据 z 域积分性，可得

$$F_2(z)=\int_z^\infty\frac{1}{x-1}\cdot x^{-1}\,\mathrm{d}x=\int_z^\infty\frac{1}{x(x-1)}\,\mathrm{d}x=\ln\frac{z}{z-1}\qquad |z|>1$$

7. 部分和

设有序列 $y(k)$，它是另一序列 $f(i)$ 的前 k 项之和，即

$$y(k) = \sum_{i=0}^{k} f(i)$$

若 $\mathscr{L}\{f(i)\} = F(z)$，$\rho_1 < |z| < \rho_2$，则

$$\mathscr{L}\{y(k)\} = \frac{z}{z-1} F(z) \qquad\qquad (6-13)$$

收敛域为 $|z| > 1$ 与 $\rho_1 < |z| < \rho_2$ 的公共部分。

证明：因

$$y(k) = \sum_{i=0}^{k} f(i)$$

$$y(k-1) = \sum_{i=0}^{k-1} f(i)$$

有

$$y(k) - y(k-1) = f(k)$$

根据 $\mathscr{L}$ 变换性质，得

$$\mathscr{L}\{y(k) - y(k-1)\} = \mathscr{L}\{f(k)\}$$

即

$$\mathscr{L}\{y(k)\} - z^{-1} \mathscr{L}\{y(k)\} = F(z)$$

故

$$\mathscr{L}\{y(k)\} = \frac{F(z)}{1 - z^{-1}} = \frac{z}{z-1} F(z)$$

其收敛域为 $|z| > 1$ 与 $F(z)$ 收敛域的重叠部分。

8. 时域折叠性

设 $\mathscr{L}\{f(k)\} = F(z)$，$\rho_1 < |z| < \rho_2$，则

$$\mathscr{L}\{f(-k)\} = F(z^{-1}) \qquad \rho_1 < |z| < \rho_2 \qquad (6-14)$$

证明：

$$\mathscr{L}\{f(-k)\} = \sum_{k=-\infty}^{\infty} f(-k) z^{-k} = \sum_{n=-\infty}^{\infty} f(n) z^{n}$$

$$= \sum_{n=-\infty}^{\infty} f(n)(z^{-1})^{-n} = F(z^{-1})$$

9. 时域卷积定理

若序列 $f_1(k)$、$f_2(k)$ 的 $\mathscr{L}$ 变换分别为 $F_1(z)$ 和 $F_2(z)$，则时域两个序列卷积和的 $\mathscr{L}$ 变换为

$$\mathscr{L}\{f_1(k) * f_2(k)\} = F_1(z) F_2(z) \qquad\qquad (6-15)$$

其收敛域为 $F_1(z)$、$F_2(z)$ 收敛域的公共部分。

证明：

$$\mathscr{L}\{f_1(k) * f_2(k)\} = \sum_{k=-\infty}^{\infty} \big[f_1(k) * f_2(k)\big] z^{-k}$$

$$= \sum_{k=-\infty}^{\infty} \Big[\sum_{n=-\infty}^{\infty} f_1(k-n) f_2(n)\Big] z^{-k}$$

交换求和次序，得

$$\mathscr{L}\{f_1(k) * f_2(k)\} = \sum_{n=-\infty}^{\infty} f_2(n) \sum_{k=-\infty}^{\infty} f_1(k-n) z^{-k}$$

$$= \sum_{n=-\infty}^{\infty} f_2(n) z^{-n} F_1(z)$$

$$= F_1(z) F_2(z)$$

式中利用了 $\mathscr{L}$ 变换移位性。显然收敛域应为 $F_1(z)$ 和 $F_2(z)$ 收敛域的重叠部分。

【例 6 - 9】 求 $f(k) = a^k U(k) * a^k U(k)$ 的 $\mathscr{L}$ 变换 $F(z)$（a 为正实数）。

解 因为

$$\mathscr{L}\{a^k U(k)\} = \frac{z}{z-a} \qquad |z| > a$$

根据卷积定理，得

$$F(z) = \frac{z}{z-a} \cdot \frac{z}{z-a} = \left(\frac{z}{z-a}\right)^2 \qquad |z| > a$$

10. 初值定理

与拉普拉斯变换类似，也可利用序列 $f(k)$ 的单边 $\mathscr{L}$ 变换 $F(z)$ 来确定原序列的初值。设原序列 $f(k)$ 的单边 $\mathscr{L}$ 变换为 $F(z)$，则

$$f(0) = \lim_{z \to \infty} F(z) \qquad\qquad (6 - 16)$$

这一性质称为初值定理。

证明：因

$$F(z) = \sum_{k=0}^{\infty} f(k) z^{-k} = f(0) + f(1) z^{-1} + f(2) z^{-2} + \cdots$$

显然，当 $z \to \infty$ 时，上式等号右端除第一项外均为零，所以

$$f(0) = \lim_{z \to \infty} F(z)$$

类似地可推得

$$f(1) = \lim_{z \to \infty} z[F(z) - f(0)]$$

$$\vdots$$

$$f(m) = \lim_{z \to \infty} z^m \left[F(z) - \sum_{k=0}^{m-1} f(k) z^{-k} \right]$$

11. 终值定理

终值定理适用于收敛序列 $f(k)$，即序列 $f(k)$ 存在终值 $f(\infty)$，而 $f(\infty)$ 值的确定可直接由象函数 $F(z)$ 求得，不必求原序列 $f(k)$。

设 $f(k)$ 的单边 $\mathscr{L}$ 变换为 $F(z)$，即

$$\mathscr{L}\{f(k)\} = \sum_{k=0}^{\infty} f(k) z^{-k} = F(z) \qquad |z| > \rho$$

且当 $k < 0$ 时，$f(k) = 0$，则

$$f(\infty) = \lim_{k \to \infty} f(k) = \lim_{z \to 1} \frac{z-1}{z} F(z) \qquad\qquad (6 - 17)$$

证明：因

$$\mathscr{L}\{f(k)-f(k-1)\}=F(z)-z^{-1}F(z)$$

$$=\frac{z-1}{z}F(z)$$

又因

$$\mathscr{L}\{f(k)-f(k-1)\}=\sum_{k=0}^{\infty}\big[f(k)-f(k-1)\big]z^{-k}$$

$$=\lim_{N\to\infty}\sum_{k=0}^{N}\big[f(k)-f(k-1)\big]z^{-k}$$

有

$$\frac{z-1}{z}F(z)=\lim_{N\to\infty}\sum_{k=0}^{N}\big[f(k)-f(k-1)\big]z^{-k}$$

当 $z\to1$ 时

$$\lim_{z\to1}\frac{z-1}{z}F(z)=\lim_{N\to\infty}\sum_{k=0}^{N}\big[f(k)-f(k-1)\big]$$

$$=\lim_{N\to\infty}f(N)$$

即

$$f(\infty)=\lim_{N\to\infty}f(N)=\lim_{z\to1}\frac{z-1}{z}F(z)$$

可见，初值定理表明，时域序列 $f(k)$ 的初值 $f(0)$ 等效于 z 域中其象函数 $F(z)$ 的终值 $F(\infty)$。而终值定理反映时域收敛序列 $f(k)$ 的终值 $f(\infty)$ 等效于 z 域中其象函数 $F(z)$ 与 $\frac{z-1}{z}$ 乘积在 $z=1$ 点的值。应用这两个定理时应注意序列 $f(k)$ 为因果序列。

【例 6 - 10】　设序列 $f(k)$ 的 $\mathscr{L}$ 变换为

$$F(z)=\frac{z}{z-a}\qquad |z|>a$$

求 $f(0)$、$f(1)$ 和 $f(\infty)$（a 为正实数）。

解　由初值定理，得

$$f(0)=\lim_{z\to\infty}\frac{z}{z-a}=1$$

$$f(1)=\lim_{z\to\infty}z\left[\frac{z}{z-a}-f(0)\right]=\lim_{z\to\infty}\frac{az}{z-a}=a$$

由终值定理，得

$$f(\infty)=\lim_{z\to1}\frac{z-1}{z}\cdot\frac{z}{z-a}=\lim_{z\to1}\frac{z-1}{z-a}$$

当 $a<1$ 时，$f(\infty)=0$；当 $a=1$ 时，$f(\infty)=1$；当 $a>1$ 时，$f(\infty)=\lim_{z\to1}\frac{z-1}{z-a}=0$。

而实际上 $f(\infty)\to\infty$，即不存在终值。这是由于 $z=1$ 已不在 $F(z)$ 的收敛域 $|z|>a$ 内，因而取 $z\to1$ 的极限无意义。

表 6 - 2 给出了常用 $\mathscr{L}$ 变换的基本性质和定理。

表 6 - 2　常用 $\mathscr{L}$ 变换的基本性质和定理

名称	时域序列关系	z 域象函数关系
线性	$C_1 f_1(k) + C_2 f_2(k)$	$C_1 F_1(z) + C_2 F_2(z)$
移位性	$f(k \pm m)$	$z^{\pm m} F(z)$
	$f(k-m)U(k)^{*}$	$z^{-m}\left[F(z) + \sum_{k=-m}^{-1} f(k) z^{-k}\right]$
	$f(k-m)U(k-m)^{*}$	$z^{-m} F(z)$
	$f(k+m)U(k)^{*}$	$z^{m}\left[F(z) - \sum_{k=0}^{m-1} f(k) z^{-k}\right]$
部分和	$f_1(k)$	$F_1(z)$
	$f(k) = \sum_{i=0}^{k} f_1(i)$	$F(z) = \dfrac{z}{z-1} F_1(z)$
折叠性	$f(-k)$	$F(z^{-1})$
z 域尺度变换性	$a^k f(k)$	$F\left(\dfrac{z}{a}\right)$
z 域微分性	$k^m f(k)$	$\left(-z \dfrac{\mathrm{d}}{\mathrm{d}z}\right)^{m} F(z)$
z 域积分性	$\dfrac{f(k)}{k+m} \quad k+m>0$	$z^m \displaystyle\int_z^\infty \dfrac{F(x)}{x^{m+1}} \,\mathrm{d}x$
	$\dfrac{f(k)}{k} \quad k>0$	$\displaystyle\int_z^\infty \dfrac{F(x)}{x} \,\mathrm{d}x$
时域卷积定理	$f_1(k) * f_2(k)$	$F_1(k) F_2(k)$
初值定理	$f(0) = \lim\limits_{z \to \infty} F(z)$	$f(m) = \lim z^m\left[F(z) - \sum_{k=0}^{m-1} f(k) z^{-k}\right]$
终值定理	$f(\infty) = \lim\limits_{z \to 1} \dfrac{z-1}{z} F(z)$	

6.3　$\mathscr{L}$ 反变换

已知函数 $X(z)$ 及其收敛域，反过来求序列的变换称为 $\mathscr{L}$ 反变换，表示为

$$x(n) = \mathscr{Z}^{-1}[X(z)]$$

若 $X(z) = \sum\limits_{n=-\infty}^{\infty} x(n) z^{-n}$，$R_{x-} < |z| < R_{x+}$，则 $\mathscr{L}$ 反变换的一般公式为

$$x(n) = \frac{1}{2\pi \mathrm{j}} \int_C X(z) z^{n-1} \,\mathrm{d}z \qquad C \in (R_{x-}, R_{x+})$$

直接计算围线积分是比较麻烦的，实际上，求 $\mathscr{L}$ 反变换时，往往可以不必直接计算围线积分。一般求 $\mathscr{L}$ 反变换的常用方法有三种：围线积分法（留数法）、部分分式展开法和幂级数展开法。

1. 围线积分法（留数法）

围线积分法是求 $\mathscr{Z}$ 反变换的一种有用的分析方法。根据留数定理，若函数 $F(z)=X(z)z^{n-1}$ 在围线 C 以内有 k 个极点 z_k，而在 C 以外有 m 个极点 $z_m(m、k$ 为有限值），则有

$$\frac{1}{2\pi\mathrm{j}}\int_C X(z)z^{n-1}\,\mathrm{d}z = \sum_k \mathrm{Res}\big[X(z)z^{n-1},z_k\big] \qquad (6-18)$$

或

$$\frac{1}{2\pi\mathrm{j}}\int_C X(z)z^{n-1}\,\mathrm{d}z = -\sum_m \mathrm{Res}\big[X(z)z^{n-1},z_m\big] \qquad (6-19)$$

$\mathrm{Res}[X(z)z^{n-1},z^k]$ 表示函数 $F(z)=X(z)z^{n-1}$ 在极点 $z=z^k$ 上的留数。式(6-18)表示函数 $F(z)$ 沿围线 C 逆时针方向的积分等于 $F(z)$ 在围线 C 内部各极点的留数之和。式(6-19)说明，函数 $F(z)$ 沿围线 C 顺时针方向的积分等于 $F(z)$ 在围线 C 外部各极点的留数之和。由式(6-18)及式(6-19)可得

$$\sum_k \mathrm{Res}\big[X(z)z^{n-1},z_k\big] = -\sum_m \mathrm{Res}\big[X(z)z^{n-1},z_m\big]$$

代入

$$x(n) = \frac{1}{2\pi\mathrm{j}}\int_C X(z)z^{n-1}\,\mathrm{d}z \qquad C\in(R_{x-},R_{x+})$$

有

$$x(n) = \frac{1}{2\pi\mathrm{j}}\int_C X(z)z^{n-1}\,\mathrm{d}z = -\sum_k \mathrm{Res}\big[X(z)z^{n-1},z_k\big] \qquad (6-20)$$

$$x(n) = \frac{1}{2\pi\mathrm{j}}\int_C X(z)z^{n-1}\,\mathrm{d}z = -\sum_m \mathrm{Res}\big[X(z)z^{n-1},z_m\big] \qquad (6-21)$$

根据具体情况，既可以采用式(6-20)，也可以采用式(6-21)。例如，如果当 n 大于某一值时，函数 $X(z)z^{n-1}$ 在围线的外部可能有多重极点，这时选 C 的外部极点计算留数就比较麻烦，而通常选 C 的内部极点求留数则较简单。如果 n 小于某一值，函数 $X(z)z^{n-1}$ 在围线的内部可能有多重极点，这时选用 C 外部的极点求留数就方便得多。

现在来讨论如何求 $X(z)z^{n-1}$ 在任一极点 z_x 处的留数。

设 z_x 是 $X(z)z^{n-1}$ 的单一（一阶）极点，则有

$$\mathrm{Res}\big[X(z)z^{n-1},z_r\big] = \big[(z-z_r)X(z)z^{n-1}\big]_{z=z_r}$$

如果 z_x 是 $X(z)z^{n-1}$ 的多重极点，如一阶极点，则有

$$\mathrm{Res}\big[X(z)z^{n-1},z_r\big] = \frac{1}{(l-1)!}\frac{\mathrm{d}^{l-1}}{\mathrm{d}z^{l-1}}\big[(z-z_r)^l X(z)z^{n-1}\big]_{z=z_r}$$

【例 6-11】 已知

$$X(z) = \frac{1}{1-az^{-1}} \qquad |z|>|a|$$

求 $\mathscr{Z}$ 的反变换。

解
$$x(n) = \frac{1}{2\pi\mathrm{j}}\int_C \frac{1}{1-az^{-1}}z^{n-1}\,\mathrm{d}z = \frac{1}{2\pi\mathrm{j}}\int_C \frac{z^n}{z-a}\,\mathrm{d}z$$

围线 C 以内包含极点 a，如图 6-2 所示。当 $n<0$ 时，在 $z=0$ 处有一个 $-n$ 阶极点。因此

$$x(n) = \begin{cases} \mathrm{Res}\left[\dfrac{z^n}{z-a}, a\right] & n \geqslant 0 \\ \mathrm{Res}\left[\dfrac{z^n}{z-a}, a\right] + \mathrm{Res}\left[\dfrac{z^n}{z-a}, 0\right] & n < 0 \end{cases}$$

式中，a 是单阶极点，

$$\mathrm{Res}\left[\frac{z^n}{z-a}, a\right] = z^n\big|_{z=a} = a^n$$

在 $z=0$ 处有一个 $-n$ 阶极点 $(n<0)$，

$$\mathrm{Res}\left[\frac{z^n}{z-a}, 0\right] = \frac{1}{(-n-1)!}\frac{\mathrm{d}^{-n-1}}{\mathrm{d}z^{-n-1}}\left[z^{-n}\frac{z^n}{z-a}\right]\Big|_{z=0}$$

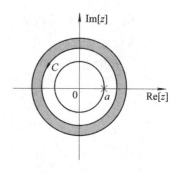

图 6-2 收敛域 $|z|>|a|$

$$= (-1)^{-n-1}(z-a)^n\big|_{z=0} = -a^n$$

因此

$$x(n) = \begin{cases} a^n & n \geqslant 0 \\ a^n - a^n = 0 & n < 0 \end{cases}$$

即

$$x(n) = a^n u(n)$$

这个指数因果序列是单阶极点的反变换，这是个很典型的反变换，在以下的部分分式中还要用到这个结果。

实际上，由于收敛域在函数极点以外，并且包括 ∞ 点，因此可以知道该序列一定是因果序列。用留数法计算的结果也证实了这一点。所以，在具体应用留数法时，若能从收敛域判定序列是因果的，就可以不必考虑 $n<0$ 时出现的极点了，因为它们的留数和一定总是零。

在应用留数法时，收敛域是很重要的。同一个函数 $X(z)$，若收敛域不同，则对应的序列就完全不同。例如，仍然以上面的函数为例，改变其收敛域，可以看到结果完全不同。

【例 6-12】 已知

$$X(z) = \frac{1}{1-az^{-1}} \qquad |z| = |a|$$

求 $\mathscr{L}$ 的反变换。

解
$$x(n) = \frac{1}{2\pi\mathrm{j}}\int_c \frac{1}{1-az^{-1}}z^{n-1}\,\mathrm{d}z = \frac{1}{2\pi\mathrm{j}}\int_c \frac{z^n}{z-a}\,\mathrm{d}z$$

这时由于极点 a 处在围线 C 以外（见图 6-3），所以当 $n>0$ 时围线 C 内无极点；而 $n<0$ 时只在 $z=0$ 处有一个 $-n$ 阶极点。因此

$$x(n) = \begin{cases} 0 & n \geqslant 0 \\ \mathrm{Res}\left[\dfrac{z^n}{z-a}, a\right] & n < 0 \end{cases}$$

$$= \begin{cases} 0 & n \geqslant 0 \\ -a^n & n < 0 \end{cases}$$

即

$$x(n) = -a^n u(-n-1)$$

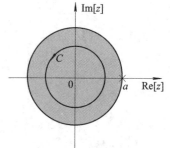

图 6-3 收敛域 $|z|<|a|$

例 6 - 12 中，在 $n<0$ 时，也可用围线外极点 a 的留数来求

$$x(n) = \begin{cases} 0 & n \geqslant 0 \\ -\operatorname{Res}\left[\dfrac{z^n}{z-a},\, a\right] & n < 0 \end{cases}$$

$$= \begin{cases} 0 & n \geqslant 0 \\ -a^n & n < 0 \end{cases}$$

从收敛域在函数极点所在圆以内就能判断序列是左边序列，计算出的结果也证实了这个结论。

2. 部分分式展开法

在实际应用中，一般 $X(z)$ 是 z 的有理分式，可表示成 $X(z)=P(z)/Q(z)$，$P(z)$ 及 $Q(z)$ 都是实系数多项式，且没有公因式。可将 $X(z)$ 展开成部分分式的形式，然后利用基本 $\mathcal{L}$ 变换来求简单分式的 $\mathcal{L}$ 反变换（注意收敛域），再将各个反变换相加起来，就得到所求的 $x(n)$。

为了看出如何求得部分分式展开，假设 $X(z)$ 可以表示成 z^{-1} 的多项式之比，即

$$X(z) = \frac{\displaystyle\sum_{i=0}^{M} b_i z^{-i}}{1 + \displaystyle\sum_{i=1}^{N} a_i z^{-i}}$$

为了得到 $X(z)$ 的部分分式，将上式进一步展开成以下形式：

$$X(z) = \frac{b_0 \displaystyle\prod_{k=1}^{M}(1 - c_k z^{-1})}{\displaystyle\prod_{k=1}^{N}(1 - d_k z^{-1})}$$

式中，c_k 是 $X(z)$ 的非零零点，d_k 是 $X(z)$ 的非零极点。如果 $M<N$，且所有极点都是一阶的，则 $X(z)$ 可展开为

$$X(z) = \sum_{k=1}^{N} \frac{A_k}{1 - d_k z^{-1}}$$

式中，A_k 是常数，$k=1,\,2,\,\cdots,\,N$。

若 $X(z)$ 的收敛域为 $|z|>\max[|d_k|]$，则上式部分分式展开式中每一项都是一个因果序列的 z 函数，得

$$x(n) = \sum_{k=1}^{N} A_k d_k^n u(n)$$

式中，系数 A_k 可利用留数定理求得

$$A_k = (1 - d_k z^{-1}) X(z)\,\big|_{z=d_k} = (z - d_k)\frac{X(z)}{z} = \operatorname{Res}\left[\frac{X(z)}{z},\, d_k\right]$$

如果 $M \geqslant N$，且除一阶极点外，在 $z=d_i$ 处还有 s 阶极点，则 $X(z)$ 可展开为

$$X(z) = \sum_{n=0}^{M-N} B_n z^{-n} + \sum_{k=1}^{M-S} \frac{A_k}{1 - d_k z^{-1}} + \sum_{m=1}^{s} \frac{C_m}{(1 - d^i z^{-1})^m}$$

式中，B_n 可用长除法求得。系数 C_m 由下式得到

$$C_m = \frac{1}{(-d_i)^{s-m}} \frac{1}{(s-m)!} \left\{ \frac{\mathrm{d}^{s-m}}{\mathrm{d}(z^{-1})^{s-m}} \left[(1 - d_i z^{-1})^s X(z) \right] \right\}_{z=d_i}$$

或

$$C_m = \frac{1}{(s-m)!} \left\{ \frac{\mathrm{d}^{s-m}}{\mathrm{d}z^{s-m}} \left[(z-d_i)^s \frac{X(z)}{z^m} \right] \right\}_{z=d_i} \qquad m = 1, 2, \cdots, s$$

展开式各项被确定后，再分别求右边各项的 $\mathscr{Z}$ 反变换，则原序列就是各项反变换序列之和。

【例 6 - 13】 设

$$X(z) = \frac{1}{(1 - 2z^{-1})(1 - 0.5z^{-1})} \qquad |z| > 2$$

试利用部分分式法求 $\mathscr{Z}$ 反变换。

解 $X(z)$ 有两个极点，$d_1 = 2$，$d_2 = 0.5$，收敛域为 $|z| > 2$，则 $X(z)$ 的零极点如图 6 - 4 所示。

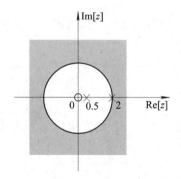

图 6 - 4 例 6 - 13 的收敛域

由收敛域可知 $x(n)$ 是一个右边序列。因为极点全部是一阶的，因此 $X(z)$ 能表示为

$$X(z) = \frac{A_1}{1 - 2z^{-1}} + \frac{A_2}{1 - 0.5z^{-1}}$$

求得系数为

$$A_1 = \left[(1 - 2z^{-1})X(z) \right] \big|_{z=2} = \frac{1}{1 - 0.5z^{-1}} \big|_{z=2} = \frac{4}{3}$$

$$A_2 = \left[(1 - 0.5z^{-1})X(z) \right] \big|_{z=0.5} = \frac{1}{1 - 2z^{-1}} \bigg|_{z=0.5} = -\frac{1}{3}$$

因此 $X(z)$ 为

$$X(z) = \frac{4}{3} \times \frac{1}{1 - 2z^{-1}} - \frac{1}{3} \times \frac{1}{1 - 0.5z^{-1}}$$

得

$$x(n) = \begin{cases} \dfrac{4}{3} \times 2^n - \dfrac{1}{3}(0.5)^n & n \geqslant 0 \\ 0 & n < 0 \end{cases}$$

即

$$x(n) = \left[\frac{4}{3} \times 2^n - \frac{1}{3}(0.5)^n \right] u(n)$$

【例 6 - 14】

$$X(z) = \frac{1}{(1 - 2z^{-1})(1 - 0.5z^{-1})}$$

解 根据图 6 - 4 的零极点图和收敛域性质，$X(z)$ 有三种不同的收敛域：

(1) $|z| > 2$，如例 6 - 13，已经证明是一个右边序列；

(2) $|z| < \dfrac{1}{2}$，对应于一个左边序列；

(3) $\dfrac{1}{2} < |z| < 2$，对应于一个双边序列。

因为 $X(z)$ 的部分分式展开仅取决于 $X(z)$ 的代数式，所以对所有三种情况都是一样的。针对 $X(z)$ 的三种不同的收敛域，

情况 1

$$x(n) = \left[\frac{4}{3} \times 2^n - \frac{1}{3}(0.5)^n \right] u(n)$$

情况 2

$$x(n) = \left[-\frac{4}{3} \times 2^n + \frac{1}{3}(0.5)^n \right] u(-n-1)$$

情况 3

$$x(n) = -\frac{4}{3} \times 2^n u(-n-1) - \frac{1}{3}(0.5)^n u(n)$$

3. 幂级数展开法(长除法)

因为 $x(n)$ 的 $\mathscr{Z}$ 变换定义为 z^{-1} 的幂级数，即

$$X(z) = \sum_{n=-\infty}^{\infty} x(n) z^{-n} = \cdots + x(-1)z + x(0)z^0 + x(1)z^{-1} + x(2)z^{-2} + \cdots$$

所以只要在给定的收敛域内，把 $X(z)$ 展开成幂级数，则级数的系数就是序列 $x(n)$。

把 $X(z)$ 展开成幂级数的方法很多。例如，直接将 $X(z)$ 展开成幂级数形式；当 $X(z)$ 是 log、sin、cos 等函数时，可利用已知的幂级数展开式将其展成幂级数形式；当 $X(z)$ 是一个有理分式，分子、分母都是 z 的多项式时，可利用长除法，即用分子多项式除以分母多项式得到幂级数展开式。

【例 6 - 15】 若 $X(z)$ 为

$$X(z) = z^2(1 + z^{-1})(1 - z^{-1})$$

求 $\mathscr{Z}$ 的反变换。

解 直接将 $X(z)$ 展开成

$$X(z) = z^2(1 + z^{-1})(1 - z^{-1}) = z^2 - 1$$

凭观察易得 $x(n)$ 为

$$x(n) = \begin{cases} 1 & n = -2 \\ -1 & n = 0 \\ 0 & \text{其他} \end{cases}$$

亦即

$$x(n) = \delta(n+2) - \delta(n)$$

【例 6 - 16】 若 $X(z)$ 为

$$X(z) = \lg(1 + az^{-1}) \qquad |z| > |a|$$

求 $\mathscr{Z}$ 的反变换。

解 利用 $\lg(1+x)$ 的幂级数展开式($|x|<1$)，可得

$$\lg(1+x) = x - \frac{1}{2}x^2 + \frac{1}{3}x^3 - \cdots \frac{(-1)^{n+1}}{n}x^n \cdots$$

所以

$$X(z) = \lg(1 + az^{-1}) = \sum_{n=1}^{\infty} \frac{(-1)^{n+1}}{n} a^n z^{-n}$$

$$= \sum_{n=1}^{\infty} x(n)z^{-n}$$

显然

$$x(n) = \begin{cases} (-1)^{n+1} \dfrac{a^n}{n} & n \geq 1 \\ 0 & n \leq 0 \end{cases}$$

【例 6 - 17】 若 $X(z)$ 为

$$X(z) = \frac{1}{1 + az^{-1}} \qquad |z| > |a|$$

求 $\mathscr{Z}$ 的反变换。

解 $X(z)$ 在 $z = -a$ 处有一极点，收敛域在极点所在的圆以外，序列应该是因果序列，$X(z)$ 应展开成 z 的降幂级数，所以可按降幂长除有

$$
\begin{array}{r}
-a^{-1}z - a^{-2}z^2 - a^{-3}z^3 - \cdots \\
-az^{-1}+1 \overline{\smash{\big)}\ 1} \\
1 - a^{-1}z \\
a^{-1}z \\
a^{-1}z - a^{-2}z^2 \\
a^{-2}z^2 \\
a^{-2}z^2 - a^{-3}z^3 \\
a^{-3}z^3 \\
\vdots
\end{array}
$$

故

$$X(z) = -a^{-1}z - a^{-2}z^2 - a^{-3}z^3 - \cdots = \sum_{n=1}^{\infty} -a^{-n}z^n = \sum_{n=-\infty}^{-1} -a^n z^{-n}$$

则

$$x(n) = a^n u(-n-1)$$

从上面两例可以看出，长除法既可展成升幂级数也可展成降幂级数，这完全取决于收敛域。所以在进行长除以前，一定要先根据收敛域确定是左边序列还是右边序列，然后才能正确地决定是按升幂长除，还是按降幂长除。

如果收敛域是 $|z| < R_{x^+}$，则 $x(n)$ 必然是左边序列，此时应将 $X(z)$ 展开成 z 的正幂级数，为此，$X(z)$ 的分子分母应按 z 的升幂（或 z^{-1} 的降幂）排列。

6.4　离散时间系统的系统函数

6.4.1　系统函数的计算

1. $H(z)$ 的定义

一个线性时不变离散时间系统的零状态响应其时域为

$$y_f(k) = f(k) * h(k) \qquad (6-22)$$

根据 $\mathscr{L}$ 变换时域卷积定理可知

$$Y_f(z) = F(z)H(z) \qquad (6-23)$$

式中，$Y_f(z)$、$F(z)$ 和 $H(z)$ 分别表示 $y_f(k)$、$f(k)$ 和 $h(k)$ 的 $\mathscr{L}$ 变换，因此定义

$$H(z) = \frac{Y_f(z)}{F(z)} \qquad (6-24)$$

为离散时间系统的系统函数，它表示系统零状态响应的 $\mathscr{L}$ 变换与其对应的激励的 $\mathscr{L}$ 变换之比值。

2. $H(z)$ 的物理意义

由式(6-22)和式(6-23)可知

$$H(z) = \mathscr{L}\{h(k)\} \qquad (6-25)$$

即系统函数 $H(z)$ 就是离散时间系统单位序列响应 $h(k)$ 的 $\mathscr{L}$ 变换。

若激励序列 $f(k) = z^k$，则代入式(6-22)，系统零状态响应为

$$y_f(k) = h(k) * z^k = \sum_{i=0}^{\infty} h(i)z^{k-i} = z^k \sum_{i=0}^{\infty} h(i)z^{-i} = z^k H(z) \qquad (6-26)$$

因此，$H(z)$ 也可以看做是系统对幂函数激励 z^k 的零状态响应的加权函数。

3. $H(z)$ 的求法

对于系统函数 $H(z)$ 的求法一般有以下几种：

(1) 若已知激励和其零状态响应的 $\mathscr{L}$ 变换，则根据式(6-24)的定义求系统函数 $H(z)$。

(2) 若已知系统差分方程，则对差分方程两边取单边 $\mathscr{L}$ 变换，并考虑到当 $k<0$ 时 $y(k)$ 和 $f(k)$ 均取零，从而求得 $H(z)$。

(3) 若已知系统的单位序列响应 $h(k)$，则可根据式(6-25)求 $H(z)$。

(4) 若给定系统传输算子 $H(E)$，则

$$H(z) = H(E)\,|_{E=z} \qquad (6-27)$$

(5) 若已知系统的时域模拟图，则可根据 $z^{-1} = E^{-1}|_{E=z}$ 的关系，得到相应 z 域模拟图或信号流图，从而由梅森公式求得 $H(z)$。

【**例 6-18**】　设某离散时间系统的差分方程为

$$y(k) + 4y(k-1) + y(k-2) - y(k-3) = 5f(k) + 10f(k-1) + 9f(k-2)$$

试求其系统函数 $H(z)$。

解　对所给差分方程两边取单边 $\mathscr{L}$ 变换，当 $k<0$ 时，$y(k) = f(k) = 0$，则有

$$(1 + 4z^{-1} + z^{-2} - z^{-3})Y(z) = (5 + 10z^{-1} + 9z^{-2})F(z)$$

故
$$H(z) = \frac{Y(z)}{F(z)} = \frac{5 + 10z^{-1} + 9z^{-2}}{1 + 4z^{-1} + z^{-2} - z^{-3}} = \frac{5z^3 + 10z^2 + 9z}{z^3 + 4z^2 + z - 1}$$

【例 6 - 19】 若某离散系统的单位序列响应为

$$h(k) = 2\cos\frac{k\pi}{4}U(k)$$

求系统函数 $H(z)$。

解 由式(6 - 25)，得

$$H(z) = \mathscr{Z}\{h(k)\} = \frac{2z\left(z - \cos\frac{\pi}{4}\right)}{z^2 - 2z\cos\frac{\pi}{4} + 1} = \frac{2z\left(z - \frac{\sqrt{2}}{2}\right)}{z^2 - \sqrt{2}z + 1}$$

【例 6 - 20】 某离散时间系统模拟图如图 6 - 5 所示。

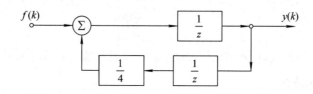

图 6 - 5 例 6 - 20 图

(1) 求系统函数；

(2) 求单位序列响应 $h(k)$；

(3) 求 $f(k) = \left(\frac{1}{2}\right)^k U(k)$ 时的零状态响应 $y(k)$。

解 (1) 由图 6 - 5 可知

$$Y(z) = \left[F(z) + \frac{1}{4}z^{-1}Y(z)\right]z^{-1}$$

有

$$Y(z) = \frac{F(z)z^{-1}}{1 - \frac{1}{4}z^{-2}}$$

故系统函数为

$$H(z) = \frac{Y(z)}{F(z)} = \frac{z}{z^2 - \frac{1}{4}} = \frac{z}{\left(z + \frac{1}{2}\right)\left(z - \frac{1}{2}\right)}$$

(2) 因

$$\frac{H(z)}{z} = \frac{1}{z - \frac{1}{2}} - \frac{1}{z + \frac{1}{2}}$$

有

$$H(z) = \frac{z}{z - \frac{1}{2}} - \frac{z}{z + \frac{1}{2}}$$

因此单位序列响应为

$$h(k) = \mathscr{Z}^{-1}\{H(z)\} = \left[\left(\frac{1}{2}\right)^k - \left(-\frac{1}{2}\right)^k\right]U(k)$$

（3）当激励 $f(k)=\left(\dfrac{1}{2}\right)^{k}U(k)$ 时，有

$$F(z)=\frac{z}{z-\dfrac{1}{2}}$$

由式（6-23），得

$$Y(z)=F(z)\cdot H(z)=\frac{z^{2}}{\left(z+\dfrac{1}{2}\right)\left(z-\dfrac{1}{2}\right)^{2}}=\frac{-\dfrac{1}{2}z}{z+\dfrac{1}{2}}+\frac{\dfrac{1}{2}z}{\left(z-\dfrac{1}{2}\right)^{2}}+\frac{\dfrac{1}{2}z}{z-\dfrac{1}{2}}$$

所以所求响应为

$$y(k)=\frac{1}{2}(2k+1)\left(\frac{1}{2}\right)^{k}-\frac{1}{2}\left(-\frac{1}{2}\right)^{k}\qquad k\geqslant 0$$

【例 6-21】 已知离散系统 z 域信号流图如图 6-6 所示，试求该系统单位序列响应 $h(k)$。

解　根据梅森公式：

$$H(z)=\frac{2-\sqrt{2}z^{-1}}{1-\sqrt{2}z^{-1}+z^{-2}}$$

$$=\frac{2z^{2}-\sqrt{2}z}{z^{2}-\sqrt{2}z+1}$$

所以由式（6-25），可得

$$h(k)=\mathscr{Z}^{-1}\{H(z)\}=2\cos\frac{k\pi}{4}U(k)$$

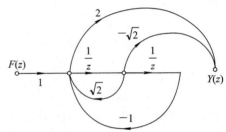

图 6-6　例 6-21 图

6.4.2　由零极点图确定系统的频率响应

对于线性时不变离散时间系统，当系统函数 $H(z)$ 收敛域包括单位圆时，其频率特性表示为

$$H(\mathrm{e}^{\mathrm{j}\omega T})=H(z)\mid_{z=\mathrm{e}^{\mathrm{j}\omega T}}=\mid H(\mathrm{e}^{\mathrm{j}\omega T})\mid\angle\varphi(\omega T)\qquad (6-28)$$

式（6-28）中，$\mid H(\mathrm{e}^{\mathrm{j}\omega T})\mid$ 称为离散时间系统的幅频特性（或幅频响应）；$\varphi(\omega T)$ 为 $H(\mathrm{e}^{\mathrm{j}\omega T})$ 的幅角，称为离散时间系统的相频特性（或相频响应）。对于由实系数差分方程描述的离散系统，有

$$\mid H(\mathrm{e}^{\mathrm{j}\omega T})\mid=\mid H(\mathrm{e}^{-\mathrm{j}\omega T})\mid$$

$$\varphi(-\omega T)=-\varphi(\omega T)$$

与连续时间系统正弦激励下的响应类似，$H(\mathrm{e}^{\mathrm{j}\omega T})$ 也可看做离散时间系统激励为正弦序列时的稳态响应"加权"。因为当 $f(k)=A\sin(k\omega T)U(k)$ 时，有

$$F(z)=\frac{Az\ \sin\omega T}{(z-\mathrm{e}^{\mathrm{j}\omega T})(z-\mathrm{e}^{-\mathrm{j}\omega T})}$$

且有

$$Y(z)=F(z)H(z)=\frac{Az\ \sin\omega T}{(z-\mathrm{e}^{\mathrm{j}\omega T})(z-\mathrm{e}^{-\mathrm{j}\omega T})}H(z)$$

仅考虑 $H(z)$ 极点位于单位圆内的情况，则

$$Y(z) = \frac{az}{z - \mathrm{e}^{\mathrm{j}\omega T}} + \frac{bz}{z - \mathrm{e}^{-\mathrm{j}\omega T}} + \sum_{i=1}^{n} \frac{A_i z}{z - p_i}$$

式中，$a = b$，对于稳态响应部分，可求得

$$y_{\mathrm{s}}(k) = A \mid H(\mathrm{e}^{\mathrm{j}\omega T}) \mid \sin[k\omega T + \varphi(\omega T)]$$

因此，当激励是正弦序列时，系统的稳态响应也是同频率正弦序列，其幅值为激励幅值与系统幅频特性值的乘积，其相位为激励初相位与系统相频特性值之和。

如果已知系统函数 $H(z)$ 在 z 平面上零极点的分布，则可通过几何方法简便直观地求出离散系统的频率响应，即已知

$$H(z) = G \frac{\displaystyle\prod_{r=1}^{m} (z - z_r)}{\displaystyle\prod_{i=1}^{n} (z - p_i)}$$

有

$$H(z) = G \frac{\displaystyle\prod_{r=1}^{m} (\mathrm{e}^{\mathrm{j}\omega T} - z_r)}{\displaystyle\prod_{i=1}^{n} (\mathrm{e}^{\mathrm{j}\omega T} - p_i)} = \mid H(\mathrm{e}^{\mathrm{j}\omega T}) \mid \angle \varphi(\omega T) \qquad (6-29)$$

仿照连续时间系统中计算 $H(\mathrm{j}\omega)$ 的几何作图法，在 z 平面也可逐点求得离散时间系统的频率响应。利用极坐标表示形式为

$$\mathrm{e}^{\mathrm{j}\omega T} - z_r = B_r \mathrm{e}^{\mathrm{j}\theta_r}$$
$$\mathrm{e}^{\mathrm{j}\omega T} - p_i = A_i \mathrm{e}^{\mathrm{j}\varphi_i}$$

有

$$H(\mathrm{e}^{\mathrm{j}\omega T}) = G \frac{B_1 B_2 \cdots B_m \angle (\theta_1 + \theta_2 + \cdots + \theta_m)}{A_1 A_2 \cdots A_n \angle (\varphi_1 + \varphi_2 + \cdots + \varphi_n)}$$

于是幅频响应为

$$H(\mathrm{e}^{\mathrm{j}\omega T}) = G \frac{\displaystyle\prod_{r=1}^{m} B_r}{\displaystyle\prod_{i=1}^{n} A_i} \qquad (6-30)$$

相频响应为

$$\varphi(\omega T) = \sum_{r=1}^{m} \theta_r - \sum_{i=1}^{n} \varphi_i \qquad (6-31)$$

式 $(6-30)$ 和式 $(6-31)$ 中，A_i、φ_i 分别表示 z 平面上极点 p_i 到单位圆上某点 $\mathrm{e}^{\mathrm{j}\omega T}$ 的矢量 $(\mathrm{e}^{\mathrm{j}\omega T} - p_i)$ 的长度和夹角；B_r、θ_r 分别表示零点 z_r 到 $\mathrm{e}^{\mathrm{j}\omega T}$ 的矢量 $(\mathrm{e}^{\mathrm{j}\omega T} - z_r)$ 的长度和夹角，如图 $6-7$ 所示。如果单位圆上点 D 不断移动，就可以得到全部的频率响应。显然由于 $\mathrm{e}^{\mathrm{j}\omega T}$ 是周期为 $\omega T = 2\pi$ 的周期函数，因而 $H(\mathrm{e}^{\mathrm{j}\omega T})$ 也是周期函数，因此只要 D 点转一周就可以确定系统的频率响应。利用这种方法可以比较方便地由 $H(z)$ 的零、极点位置求出系统的频率响应。可见频率响应的形状取决于 $H(z)$ 的零、极点分布，也就是说，取决于离散时间系统的形式及差分方程各系数的大小。

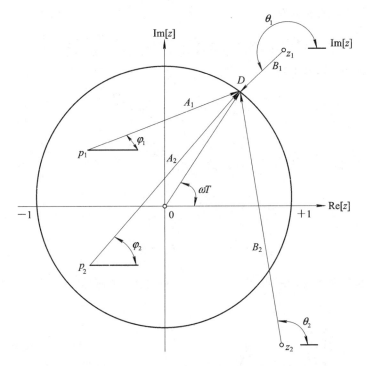

图 6 - 7　$H(z)$ 在平面上的零极点分布

由 $H(\mathrm{e}^{\mathrm{j}\omega T})$ 的几何表示可以看出，位于 $z=0$ 处的零点或极点对幅频特性不产生作用，而只影响相频特性。当 $\mathrm{e}^{\mathrm{j}\omega T}$ 点旋转移动到某靠近单位圆的极点 p_i 附近时，由于 A_i 取最小值，会使相应幅频特性呈现峰值；相反，当 $\mathrm{e}^{\mathrm{j}\omega T}$ 点移到某个靠近单位圆的零点 z_r 附近时，由于 B_r 取极小值，而会使相应幅频特性呈现谷值。

【例 6 - 22】　图 6 - 8 所示为某离散时间系统 z 域模拟框图，求该系统的频率响应。

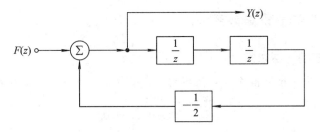

图 6 - 8　例 6 - 22 图

解　由图 6 - 8 可写出系统 z 域方程为

$$Y(z) = -\frac{1}{2}z^{-2}Y(z) + F(z)$$

即

$$\left(1 + \frac{1}{2}z^{-2}\right)Y(z) = F(z)$$

系统函数为

$$H(z) = \frac{Y(z)}{F(z)} = \frac{1}{1 + \dfrac{1}{2}z^{-2}} = \frac{z^2}{z^2 + 0.5} \qquad |z| > 0.5$$

由式(6-28)得到频率响应为

$$H(e^{j\omega T}) = H(z)\mid_{z=e^{j\omega T}} = \frac{e^{j2\omega T}}{e^{j2\omega T} + 0.5} = \frac{2(\cos 2\omega T + j\sin 2\omega T)}{(1 + 2\cos 2\omega T) + j2\sin 2\omega T}$$

将上式分母有理化，并整理得

$$H(e^{j\omega T}) = \frac{4 + 2(\cos 2\omega T + j\sin 2\omega T)}{5 + 4\cos 2\omega T}$$

故幅频响应为

$$|H(e^{j\omega T})| = \frac{1}{5 + 4\cos 2\omega T}\sqrt{(4 + 2\cos 2\omega T)^2 + (2\sin 2\omega T)^2}$$

$$= \frac{2}{5 + 4\cos 2\omega T}$$

相频响应为

$$\varphi(\omega T) = \arctan\left(\frac{\sin 2\omega T}{2 + \cos 2\omega T}\right)$$

幅频响应和相频响应曲线如图 6-9 所示。可见频率响应呈现周期性变化，在本例中，其周期为 π。

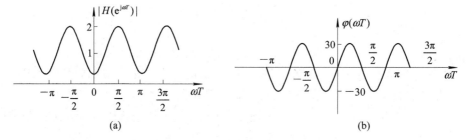

(a)　　　　　　　　　　　　　(b)

图 6-9　例 6-22 图

6.4.3　利用 $\mathscr{L}$ 变换分析离散系统

1. 零输入响应的 z 域求解

对于线性时不变离散时间系统，在零输入，即激励 $f(k) = 0$ 时，其差分方程为

$$\sum_{i=0}^{n} a_i y(k-i) = 0 \tag{6-32}$$

考虑响应为 $k \geqslant 0$ 时的值，则初始条件为 $y(-1)、y(-2)、\cdots、y(-n)$。将式(6-32)两边取单边 $\mathscr{L}$ 变换，并根据 $\mathscr{L}$ 变换的移位性质，可得

$$\sum_{i=0}^{n} a_i z^{-i}\left[Y(z) + \sum_{k=-i}^{-1} y(k)z^{-k}\right] = 0$$

故

$$Y(z) = \frac{-\sum\limits_{i=0}^{n}\left[a_i z^{-i} \cdot \sum\limits_{k=-i}^{-1} y(k)z^{-k}\right]}{\sum\limits_{i=0}^{n} a_i z^{-i}} \tag{6-33}$$

对应式(6-33)响应的序列可由 $\mathscr{L}$ 反变换求得

$$y(k) = \mathscr{L}^{-1}\left[Y(z)\right]$$

【例 6 - 23】　若已知描述某离散时间系统的差分方程为

$$y(k) - 5y(k-1) + 6y(k-2) = f(k)$$

初始条件为 $y(-2)=1$，$y(-1)=4$，求零输入响应 $y(k)$。

解　零输入时，$f(k)=0$，有

$$y(k) - 5y(k-1) + 6y(k-2) = 0$$

若记 $Y(z)=\mathscr{L}\{y(k)\}$，则对上式两边取单边 $\mathscr{L}$ 变换，有

$$Y(z) - 5z^{-1}\left[Y(z) + y(-1)z\right] + 6z^{-2}\left[Y(z) + y(-1)z + y(-2)z^2\right] = 0$$

可得

$$Y(z) = \frac{5y(-1) - 6z^{-1}y(-1) - 6y(-2)}{1 - 5z^{-1} + 6z^{-2}} = \frac{14z^2 - 24z}{z^2 - 5z + 6}$$

因

$$\frac{Y(z)}{z} = \frac{14z - 24}{(z-2)(z-3)} = \frac{-4}{z-2} + \frac{18}{z-3}$$

得

$$Y(z) = \frac{-4z}{z-2} + \frac{18z}{z-3}$$

故零输入响应为

$$y(k) = 18(3)^k - 4(2)^k \qquad k \geqslant 0$$

2. 零状态响应的 z 域求解

n 阶线性时不变离散时间系统的差分方程为

$$\sum_{i=0}^{n} a_i y(k-i) = \sum_{r=0}^{m} b_r f(k-r) \qquad (6-34)$$

在零状态，即 $y(-1)=y(-2)=\cdots=y(-n)=0$ 时，将等式(6 - 34)两边取单边 $\mathscr{L}$ 变换，可得

$$\sum_{i=0}^{n} a_i z^{-i} Y(z) = \sum_{r=0}^{m} b_r F(z) z^{-r} \qquad (6-35)$$

其中设激励序列 $f(k)$ 为因果序列，即当 $k<0$ 时，$f(k)=0$，且 $m \leqslant n$，有

$$Y(z) = F(z)\frac{\displaystyle\sum_{r=0}^{m} b_r z^{-r}}{\displaystyle\sum_{i=0}^{n} a_i z^{-i}} \qquad (6-36)$$

故零状态响应为

$$y(k) = \mathscr{L}^{-1}\left[Y(z)\right]$$

【例 6 - 24】　若已知

$$y(k) - 5y(k-1) + 6y(k-2) = f(k)$$

且 $f(k)=4^k U(k)$，$y(-1)=y(-2)=0$，求零状态响应 $y(k)$。

解　设 $Y(z)=\mathscr{L}\{y(k)\}$，$F(z)=\mathscr{L}\{f(k)\}=\dfrac{z}{z-4}$，则

$$Y(z) = \frac{z}{z-4} \cdot \frac{1}{1 - 5z^{-1} + 6z^{-2}} = \frac{z^3}{(z-4)(z^2 - 5z + 6)}$$

$$\frac{Y(z)}{z} = \frac{z^2}{(z-4)(z-3)(z-2)} = \frac{2}{z-2} - \frac{9}{z-3} + \frac{8}{z-4}$$

有

$$Y(z) = \frac{2z}{z-2} - \frac{9z}{z-3} + \frac{8z}{z-4}$$

故所求零状态响应为

$$y(k) = [2(2)^k - 9(3)^k + 8(4)^k]u(k)$$

3. 全响应的 z 域求解

对于线性时不变离散时间系统，若激励和初始状态均不为零，则对应的响应称为全响应。根据线性时不变特性，全响应可按下式计算，即

$$y(k) = y_x(k) + y_f(k) \tag{6-37}$$

其中，$y_x(k)$、$y_f(k)$ 分别表示零输入和零状态响应，求解方法如上所述。也可直接由时域差分方程求 $\mathscr{L}$ 变换而进行计算，即在激励为 $f(k)$，初始条件 $y(-1)$、$y(-2)$、…、$y(-n)$ 不全为零时，对方程式(6-34)进行单边 $\mathscr{L}$ 变换，有

$$\sum_{i=0}^{n} a_i z^{-i} \left[Y(z) + \sum_{k=-i}^{-1} y(k) z^{-k} \right] = \sum_{r=0}^{m} b_r z^{-r} \left[F(z) + \sum_{j=-r}^{-1} f(j) z^{-j} \right] \tag{6-38}$$

可见式(6-38)为一个代数方程，由此可解得全响应的象函数 $Y(z)$，从而求得全响应 $y(k)$。

【例 6-25】 已知 $y(k) - 5y(k-1) + 6y(k-2) = f(k)$，且 $y(-1) = 4$，$y(-2) = 1$，$f(k) = 4^k U(k)$，求全响应 $y(k)$。

解 设

$$F(z) = \mathscr{L}\{f(k)\} = \frac{z}{z-4}$$

$$Y(z) = \mathscr{L}\{y(k)\}$$

对差分方程两边取单边 $\mathscr{L}$ 变换，有

$$Y(z) - 5z^{-1}Y(z) - 5y(-1) + 6z^{-2}Y(z) + 6y(-1)z^{-1} + 6y(-2) = F(z)$$

得

$$Y(z) = \frac{F(z) + 5y(-1) - 6y(-2) - 6y(-1)z^{-1}}{1 - 5z^{-1} + 6z^{-2}} = \frac{z^3 + (14z^2 - 24z)(z-4)}{(z-4)(z^2 - 5z + 6)}$$

$$\frac{Y(z)}{z} = \frac{15z^2 - 80z + 96}{(z-4)(z-3)(z-2)} = \frac{8}{z-4} + \frac{9}{z-3} - \frac{2}{z-2}$$

有

$$Y(z) = \frac{8z}{z-4} + \frac{9z}{z-3} - \frac{2z}{z-2}$$

故全响应为

$$y(k) = 8(4)^k + 9(3)^k - 2(2)^k \qquad k \geqslant 0$$

可见这与例 6-24 和例 6-25 结果之和相同。

6.5 $\mathscr{L}$ 变换在数字滤波器中的应用

由于计算机和大规模集成电路技术的进步，依靠传统的模拟电路来实现的电子系统已不适应。传统的模拟滤波器正在被数字滤波器所代替。数字滤波器的输入是一个数字序

列，输出是另一个数字序列。从本质上说它只是一个序列的运算加工过程，但另一方面，因为它是一个离散系统，而一个离散系统具有一定的频率响应特性，适当地控制离散系统的结构使其频率特性满足一定的要求，就可以起到和模拟滤波器同样的作用。数字滤波器具有精度高，可靠性强、灵活性大、适应范围广（在甚低频范围）、速度快等优点，而且可以分时复用，同时处理若干不同信号，因此得到越来越广泛的应用。

包含数字滤波器及上述接口的混合系统的示意图如图 6 - 10 所示。

$$图 6 - 10　包含数字滤波器的混合系统$$

1. 数字滤波器系统函数的确定

一个离散的时间系统，它的系统函数一经确定后就可以根据 $H(z)$ 写出输出和输入关系的差分方程来，再利用计算机根据不同的输入序列情况求出其相应的输出序列。数字滤波器是一个具有指定频率特性的离散系统，因此它的设计就在于确定它的系统函数。

利用模拟滤波器的频率响应特性，对模拟信号进行处理的一套滤波理论早已成熟，因此在数字滤波器的设计中，尽量采用这种传统的概念和方法也是很自然的。例如，模拟滤波器按照其稳态频率响应划分为低通、高通、带通、带阻等滤波器的概念；低通滤波器可以作为原型，再通过频率变换导出其他各种滤波器的方法；频率响应特性的逼近理论等。实际上，在确定数字滤波器的系统函数 $H(z)$ 时，也就是要使该滤波器的频率响应与作为参考的相应的模拟滤波器的频率响应相近似。为达到此目的，同时又要使滤波器的设计步骤简单，就提出了许多种设计方法，在此不一一具体介绍了。

2. 数字滤波器的实现

数字滤波器之所以得到广泛应用，是因为模拟滤波器的设计复杂，只能用硬件实现，而数字滤波器有两种方法来实现：一种方法是采用通用计算机，利用计算机的存储器、运算器和控制器把滤波器所要完成的运算编成程序通过计算机来执行，也就是采用计算机软件来实现；另一种方法是设计专用的数字硬件（通常称之为数字信号处理器来实现）。

数字滤波在软件实现时只需根据滤波器的差分方程进行编程即可，非常简便，而且还可以方便地通过调整差分方程的系数来获得理想的滤波性能。滤波器的种类很多，分类的方法也很多。如根据滤波器的滤波功能（频率响应特性）来分，则可以将数字滤波器分为低通、高通、带通、带阻、全通等五种类型；如根据滤波器单位冲激响应 $h(n)$ 的长度可以将滤波器分为有限冲激响应滤波器 FIR 和无限冲激响应滤波器 IIR；如果根据滤波器的构成方式分类，则可以将滤波器分为递归式的数字滤波器和非递归式的数字滤波器。相应的，数字滤波器也有级联实现、并联实现等不同方式。

系统函数可以分解为多个一阶和二阶系统函数的乘积，即

$$H(z) = \prod_{m=1}^{k} H_m(z) \qquad (6 - 39)$$

在将 $H(z)$ 表示为式（6 - 39）时，理想情况下零点与极点可以任意组合，但当考虑有限字长效应时则有所不同。式（6 - 39）用级联结构实现，如图 6 - 11 所示。

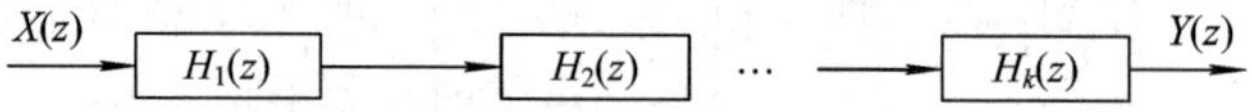

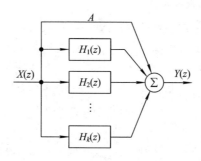

图 6 - 11 系统的级联实现

级联实现的优点是每一个子系统单独控制极点和零点，便于调整，但所需乘法的次数较多。

系统函数也可以用多个函数的和表示，设

$$H(z) = A + \sum_{m=1}^{k} H_m(z) \tag{6-40}$$

则系统也可以用并联方式实现，如图 6 - 12 所示。这种实现可视为对输入信号作并行滤波，因而执行速度较高，而且没有运算误差的前后积累影响，极点可单独调整，但零点却无法准确控制。

图 6 - 12 系统的并联实现

习 题 6

一、填空题

1. _____是离散时间线性非时变系统 z 域分析的理论基础。

2. 变换的主要性质有_____、_____、_____及_____。

3. 由于 $\mathscr{Z}$ 变换式所对应的序列并非唯一，因此所得 $\mathscr{Z}$ 变换一定要注明_____。

4. 在给定激励的情况下，系统函数决定了系统的_____，除此之外，通过分析系统函数零、极点的分布，还可以了解离散系统的_____、_____和系统的_____等诸多特性。

5. 利用_____、_____和_____单元就可以构成系统 z 域模拟图。

二、选择题

1. 列 $f(k) = \left(\dfrac{1}{2}\right)^k 3^{k+1} \varepsilon(k+1)$ 的双边 $\mathscr{Z}$ 变换及其收敛域为（   ）。

(A) $F(z) = \dfrac{4z^2}{2z-3}$, $\dfrac{3}{2} < |z| < \infty$

(B) $F(z) = \dfrac{4z^2}{2z+3}$, $\dfrac{3}{2} < |z| < \infty$

(C) $F(z) = \dfrac{4z^2}{2z+3}$, $3 < |z| < \infty$

(D) $F(z) = \dfrac{4z^2}{2z-3}$,　$3 < |z| < \infty$

2. 已知某因果序列 $\mathscr{L}$ 变换为 $F(z) = \dfrac{z}{z-a}$，$|z| > |a|$，则 $f(1)$ 的值为（　）。

(A) 1　　　　　　　　　　　　　　(B) 0

(C) a　　　　　　　　　　　　　(D) 不存在

3. 已知 $F(z) = \dfrac{z^2+z}{(z-1)^2}$，收敛域为 $|z| < 1$，则其对应的原序列为（　）。

(A) $f(k) = -(2k+1)\varepsilon(-k-1)$

(B) $f(k) = (2k+1)\varepsilon(-k-1)$

(C) $f(k) = (2k+1)\varepsilon(-k+1)$

(D) $f(k) = -(2k+1)\varepsilon(-k+1)$

4. $f(k) = \left(\dfrac{1}{2}\right)^{|k|}$ 的双边序列 $\mathscr{L}$ 变换，其收敛域正确的是（　）。

(A) $\dfrac{3z}{(z-2)(2z-1)}$,　$\dfrac{1}{2} < |z| < 2$

(B) $\dfrac{-3z}{(z-2)(2z-1)}$,　$\dfrac{1}{2} < |z| < 2$

(C) $\dfrac{-3z}{(z-2)(2z-1)}$,　$1 < |z| < 2$

(D) $\dfrac{3z}{(z-2)(2z-1)}$,　$1 < |z| < 2$

5. 已知因果系统的系统函数 $H(z)$ 如下所示，其中系统稳定的是（　）。

(A) $H(z) = \dfrac{1 - z^{-1} - z^{-2}}{2 + 5z^{-1} + 2z^{-2}}$

(B) $H(z) = \dfrac{3z+4}{2z^2+z-1}$

(C) $H(z) = \dfrac{1 + z^{-1}}{1 - z^{-1} + z^{-2}}$

(D) $H(z) = \dfrac{z+2}{8z^2-2z-2}$

三、计算分析题

1. 已知数列 $f(k) = \{1, 1, 1, 1, -1, -1, 1\}$，利用 $\mathscr{L}$ 变换的定义，求其 $\mathscr{L}$ 变换 $F(z) = \mathscr{L}\{f(k)\}$；若将此数列右移一位，则其形式为

$$f(k-1) = \{0, 1, 1, 1, 1, -1, -1, 1\}$$

求其 $\mathscr{L}$ 变换 $F_1(z) = \mathscr{L}\{f(k-1)\}$，并说明 $F(z)$ 和 $F_1(z)$ 之间的关系。

2. 对下列信号 $\mathscr{L}$ 变换表达式，确定在 z 平面内的零极点个数，并分别指出各零极点的阶数。

(1) $\dfrac{z^{-1}\left(1 - \dfrac{1}{2}z^{-1}\right)}{\left(1 - \dfrac{1}{3}z^{-1}\right)\left(1 - \dfrac{1}{4}z^{-1}\right)}$;

(2) $\dfrac{(1-z^{-1})(1-2z^{-1})}{(1-3z^{-1})(1-4z^{-1})}$;

(3) $\dfrac{z^{-2}(1-z^{-1})}{\left(1-\dfrac{1}{4}z^{-1}\right)\left(1+\dfrac{1}{4}z^{-1}\right)}$。

3. 已知因果序列 $x(n)$ 的 $\mathscr{Z}$ 变换 $X(z)$，求序列 $x(n)$ 的初值与终值。

(1) $X(z) = \dfrac{1}{1-1.5z^{-1}+0.5z^{-2}}$;

(2) $X(z) = \dfrac{1+z^{-1}+z^{-2}}{(1-z^{-1})\left(1+\dfrac{1}{2}z^{-1}\right)}$;

(3) $X(z) = \dfrac{1}{1+\dfrac{1}{6}z^{-1}-\dfrac{1}{6}z^{-2}}$;

(4) $X(z) = \dfrac{1}{1+\dfrac{5}{6}z^{-1}+\dfrac{1}{6}z^{-2}}$。

4. 有一信号 $x(n)$ 的 $\mathscr{Z}$ 变换的代数表示式为

$$X(z) = \frac{1+z^{-1}}{1+\dfrac{1}{3}z^{-1}}$$

(1) 假定其收敛域为 $|z|>\dfrac{1}{3}$，利用长除法求 $x(n)$ 的前三项的值;

(2) 假定其收敛域为 $|z|<\dfrac{1}{3}$，利用长除法求 $x(n)$ 的前三项的值。

5. 利用部分分式展开法求下列 $\mathscr{Z}$ 变换的原序列 $f(k)$:

(1) $F(z) = \dfrac{10z^2}{(z-1)(z+1)}$, $\quad |z|>1$;

(2) $F(z) = \dfrac{z^2-0.5z}{z^2+\dfrac{3}{4}z+\dfrac{1}{8}}$, $\quad |z|>\dfrac{1}{2}$;

(3) $F(z) = \dfrac{z^2+2z}{(z^2-1)(z+0.5)}$, $\qquad |z|>1$;

(4) $F(z) = \dfrac{z^2+z}{(z-1)(z^2-z+1)}$, $\qquad |z|>1$;

(5) $F(z) = \dfrac{2z^2-3z+1}{z^2-4z-5}$, $\qquad |z|>5$;

(6) $F(z) = \dfrac{z^2+az}{(z-a)^3}$, $\qquad |z|>|a|$。

6. 离散系统的差分方程为

$$y(k)-3y(k-1)+2y(k-2) = f(k-1)-2f(k-2)$$

系统的初始状态为 $y(-1)=-\dfrac{1}{2}$、$y(-2)=-\dfrac{3}{4}$，当激励为 $f(k)$ 时，系统的全响应为 $y(k)=2(2^k-1)\varepsilon(k)$，试求激励信号 $f(k)$。

第 7 章　MATLAB 在信号与系统中的应用

MATLAB 是一种流行的工程软件，可以应用于科学计算、控制系统设计与分析、信号与系统、数字信号处理、数字图像处理、通信系统仿真与设计、金融财经系统分析等领域。

在信号与系统实验箱中，MATLAB 提供了滤波器分析、FIR 滤波器设计、IIR 数字滤波器设计、模拟滤波器设计、滤波器离散化、线性系统变换等方面的函数命令。本章将结合前面各章的内容，介绍 MATLAB 在信号与系统中的应用，内容包括 MATLAB 用于信号的产生与波形的绘制、MATLAB 的时域分析、MATLAB 的频域分析、MATLAB 的 s 域分析、MATLAB 的 z 域分析。最后简要介绍系统模型的构件及其 Simulink 的仿真。

7.1　MATLAB 使用基础

7.1.1　MATLAB 的启动

MATLAB 系统是一个高度集成的语言环境，使用起来非常方便；但要使用它，首先必须启动 MATLAB 系统。启动 MATLAB 系统方法如下：

方法 1：双击桌面上（或"开始/程序/MATLAB"中）MATLAB 应用程序图标。

方法 2：在 Windows 操作系统下，单击任务条的"开始/运行"，在命令行提示符（控制台方式）下键入指令"MATLAB"，然后单击"确定"按钮即可。

MATLAB 启动后，将显示如图 7 - 1 所示的操作界面。它表示 MATLAB 系统已经建立，用户可与 MATLAB 系统进行交互操作。

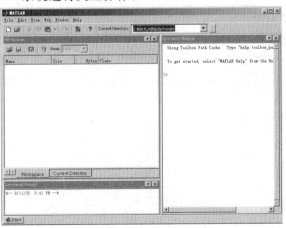

图 7 - 1　MATLAB 命令窗口

7.1.2 MATLAB 的工作环境

通常情况下，MATLAB 的工作环境主要由历史命令窗口（Command History）、命令窗口（Command Window）、当前目录浏览器（Current Directory Browser）、工作空间浏览器（Workspace Browser）、启动窗口（Launch Pad）、数组编辑器（Array Editor）、文件编辑器/调试器（Editor/Debugger）及图形窗口（Figure）等组成。下面介绍几种常用窗口。

1. 命令窗口

命令窗口是 MATLAB 的主窗口，位于工作桌面的右边，用于输入命令、运行命令、显示命令。

2. 命令历史窗口

命令历史窗口位于 MATLAB 桌面左下侧，默认为前台显示。历史命令窗口可以保存用户输入过的所有历史命令，为用户下一次使用同一命令提供方便。

3. 当前目录窗口

当前目录浏览器窗口位于 MATLAB 桌面的左上侧，默认为台前显示。该窗口显示当前目录及其所有文件。

4. 工作空间窗口

工作空间浏览器窗口位于 MATLAB 桌面的左上侧，默认后台显示。可以通过点击左上方的"workspace"按钮使它在前台展现。

7.2 MATLAB 的基本操作

7.2.1 命令窗口及基本操作

MATLAB 运行平台如图 7 - 2 所示。在">>"提示符后输入命令并按回车，执行结果会显示在屏幕上。例如，输入 y=3+5，按回车，显示结果如图 7 - 2 所示。

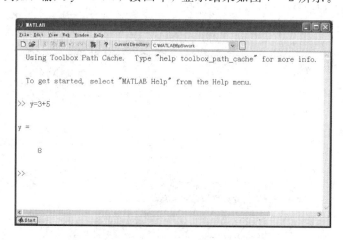

图 7 - 2　MATLAB 运行平台

在输入命令时，有时希望有些中间过程的结果不显示在屏幕上，而只显示最后的结果，这时需要在不显示执行结果的命令后加上“；”，该命令执行的结果不会显在屏幕上。例如，计算 z＝x＋y，其中 x＝2＋1，y＝3＋5，只想看到 z 的值，输入命令格式如图 7 - 3 所示，可以看到 x、y 的结果没有在屏幕上显示，只显示 z 的值。

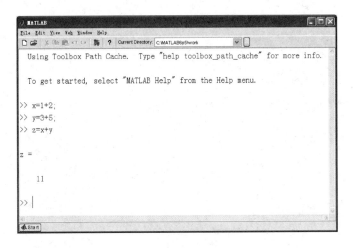

图 7 - 3　计算 z＝x＋y 窗口

7.2.2　MATLAB 中矩阵的输入方法

要在 MATLAB 中输入矩阵方法有如下两种方法：

方法一：

$$\gg x=[1\ 2\ 3$$
$$4\ 5\ 6$$
$$7\ 8\ 9]$$
$$x =$$

$$\begin{matrix} 1 & 2 & 3 \\ 4 & 5 & 6 \\ 7 & 8 & 9 \end{matrix}$$

方法二：

$$x=[1\ 2\ 3;\ 4\ 5\ 6;\ 7\ 8\ 9]$$
$$x =$$

$$\begin{matrix} 1 & 2 & 3 \\ 4 & 5 & 6 \\ 7 & 8 & 9 \end{matrix}$$

以上两种输入方式的结果是一样的。从图 7 - 4 所示，矩阵输入首先需要加上“[ ]”，第一种方式是按照矩阵的行列输入；第二种方式是在每行的后面加上“；”，这样所有的行可以写在同一行。在这两种输入方式中，矩阵中各元素之间的间隔可以用“空格”，也可以用“，”。

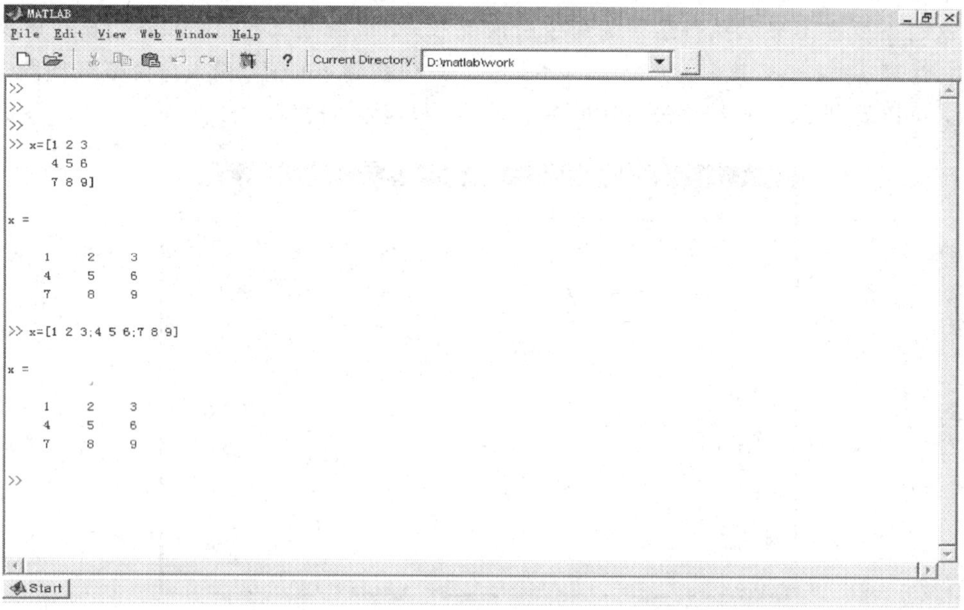

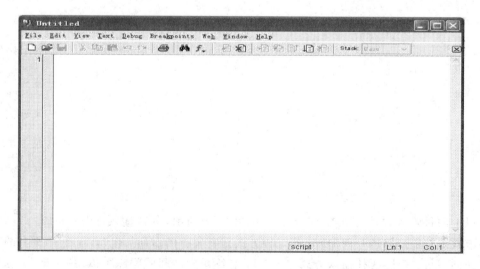

图 7 - 4　输入矩阵窗口

7.2.3　M 文件的使用

在处理一些包含多条命令的问题时，如果在 MATLAB 的命令窗口（见图 7 - 2)中进行处理，当出现错误时不好修改，这时需要借助 MATLAB 提供的 M 文件方式来处理。M 文件类似于批处理文件，单击 MATLAB 菜单中的"file"选项，从下拉列表中选取"new"选项，然后再从其下拉列表中选取"m_file"，即可打开 M 文件的编辑窗口，如图 7 - 5 所示。

图 7 - 5　M 文件编辑窗口

下面通过一个例子来看 M 文件如何使用，以求解 z＝x＋y 为例，其 M 文件编写如图 7－6 所示。

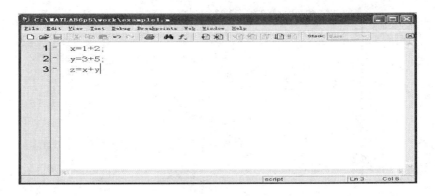

图 7－6　求解 z＝x＋y M 文件编写

如图 7－6 所示编写完毕后保存该文件，在起文件名时要注意不要以数字作为文件名，也不要起中文名。本例中文件名为"example1. m"，M 文件的扩展名是". m"。文件保存成功后，再回到 MATLAB 的命令窗口（见图 7－2），在提示符后输入刚才保存的文件"example"，即可得到所需结果，效果如图 7－7 所示。当出现问题时，只要调出编写的 M 文件进行修改就可以了。

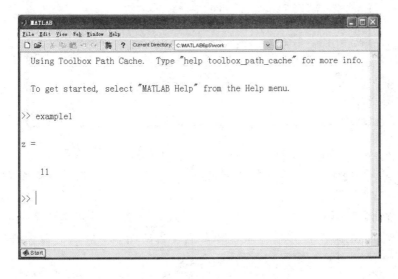

图 7－7　z＝x＋y 运行结果窗口

另外，M 文件还可以编写函数。MATLAB 的工具箱提供了丰富的函数，但在解决一些问题的时候，需要编写一些自己需要而工具箱没有提供的函数。下面通过一个小例子来学习函数的编写方法。首先进入 M 文件编写界面，该函数实现输入两个参数得到它们的和，其书写格式如图 7－8 所示。在编写函数时要注意：第一行必须先输入关键字"function"，表示该 M 文件是一个函数，"y"是输出变量，"two_add"为函数名，"x1, x2"为参数，"y＝x1＋x2"为函数体内容，完成两数相加。函数在编写完成后进行保存时要注意保存的文件名要与定义的函数名一致，也就是说，该函数的文件名应该是"two_add. m"。文

件保存成功后，如果需要调用该函数，首先应回到 MATLAB 的命令窗口，然后通过
"w= two_add(3，5)" 的方式进行调用，如图 7 - 9 所示。

图 7 - 8　两个参数之和的书写格式

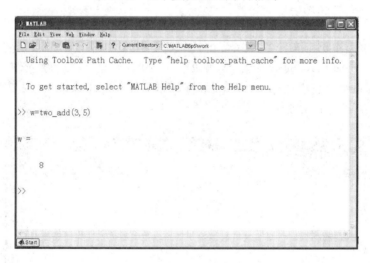

图 7 - 9　two_add.m 的调用窗口

以上为 MATLAB 的一些基本操作方法，在使用 MATLAB 时还需要注意以下方面：

（1）变量的大小写有区别。

（2）在命令窗口调用编写的 M 文件时，是有路径要求的，它的默认路径是"work"子目录。如你编写的 M 文件在其他目录，需要修改当前路径，修改的命令在工具栏上的
"Current Directory"处，如图 7 - 10 所示。

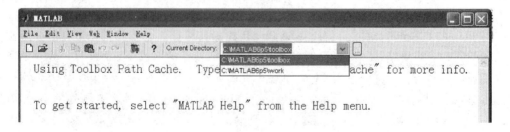

图 7 - 10　修改命令在工具栏上的"Current Directory"处

（3）可以借助键盘的光标键调出之前输入的命令重新执行。

此外，MATLAB 还提供了方便实用的功能键用于编辑、修改命令窗口中当前和以前输入的命令行，如表 7 - 1 所示。

表 7 - 1　命令窗口中常用的功能键

功能键	功　能	功能键	功　能
↑	重新调入上一行命令	Home	光标移到行首
↓	重新调入下一行命令	End	光标移到行尾
←	光标左移一个字符	Esc	清除命令行
→	光标右移一个字符	Del	删除光标处字符
Ctrl ←	光标左移一个字	Backspace	删除光标左边字符
Ctrl →	光标右移一个字		

7.3　MATLAB 用于连续时间系统的时域分析

7.3.1　常用连续信号的实现

MATLAB 提供了一系列表示基本信号的函数，包括正弦信号、指数信号、单位冲激信号、单位阶跃信号、抽样信号、符号信号、矩形脉冲信号、三角波脉冲信号等。下面给出一些例子说明它们的用法。

1. 单位冲激信号 $\delta(t)$

单位冲激信号的定义为

$$\begin{cases} \int_{-\infty}^{\infty} \delta(t)\mathrm{d}t = 1 \\ \delta(t) = 0, \, t \neq 0 \end{cases}$$

严格地说，MATLAB 不能表示单位冲激信号，但可以用宽度为 $\mathrm{d}t$、高度为 $\frac{1}{\tau}$ 的矩形脉冲来近似地表示冲激信号。当保持矩形脉冲面积 $\tau \cdot \frac{1}{\tau} = 1$ 不变，而脉宽 τ 趋于零时，脉冲幅度 $\frac{1}{\tau}$ 必趋于无穷大（这种极限恰好与那种"作用时间极短，但取值极大"的物理现象相对应），此极限情况即为单位冲激函数，记作为 $\delta(t)$。下面是绘制单位冲激信号在时间轴上的平移信号 $\delta(t)$ 的 MATLAB 程序。其中 t_1、t_2 表示信号的起始时刻，t_0 表示信号沿时间轴的平移量。程序运行结果如图 7 - 11 所示。

```
%冲激信号实现程序
t1=-2；t2=6；t0=0；
dt=0.01；                    %信号时间间隔
t=t1：dt：t2；               %信号时间样本点向量
n=length(t)；               %时间样本点向量长度
```

```
    x=zeros(1, n);                    %各样本点信号赋值为零
>> x(1, (−t0−t1)/dt+1)=1/dt;         %在信号 t=−t0 处，给样本点赋值为 1/dt
>> stairs(t, x);                     %用于绘制类似梯形的步进图形
>> axis([t1, t2, 0, 1.2/dt]);        %对当前坐标的 x, y 轴进行标定
>> title('单位冲激信号');
```

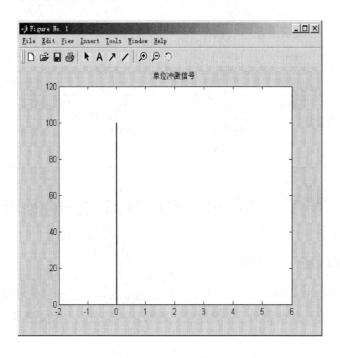

图 7 - 11　单位冲激信号 δ(t)

2. 单位阶跃信号 $\varepsilon(t)$

单位阶跃信号的定义为

$$\varepsilon(t) = \begin{cases} 1 & t > 0 \\ 0 & t < 0 \end{cases}$$

MATLAB 工具箱里没有现成表示阶跃信号的函数，所以就需要在自己的工作目录 work 下创建该文件，并以 jieyue. m 命名。该文件如下：

```
function f=jieyue(t)
f=(t>0);                    %t>0 时，f 为 1 否则为 0
```

将 jieyue. m 文件存盘后，用户只要调用该文件，就可以显示出 u(t)的波形。

源程序如下：

```
t=−1: 0.01: 4;
f=jieyue(t);
plot(t, f);
grid on;
title('单位阶跃信号');
axis([−1, 4, −0.2, 1.2]);
```

运行结果如图 7 - 12 所示。

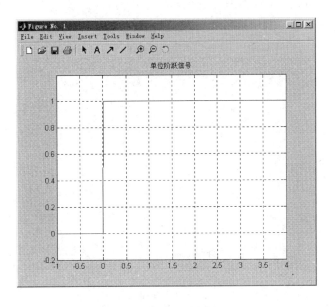

图 7 - 12　单位阶跃信号 $\varepsilon(t)$

3. 符号信号 $sign(t)$

符号函数的定义为：

$$sign(t) = \begin{cases} 1 & t>0 \\ -1 & t<0 \end{cases}$$

符号信号在 MATLAB 中用 sign 函数表示，其调用形式为 $y = sign(t)$，下面是用该函数生成符号信号的程序，程序运行结果如图 7 - 13 所示。

```
%符号函数实现程序
t=-4：0.001：4；
y=sign(t)；
plot(t，y)；
axis([-4，4，-1.1，1.1])；
title('符号信号')；
```

4. 抽样信号 sinc

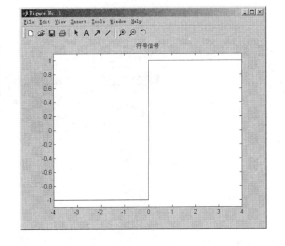

图 7 - 13　符号信号 sign(t)

抽样函数定义为：$Sa(t) = \dfrac{\sin t}{t}$，抽样信

号在 MATLAB 中用 sinc 函数表示，其调用形式为

$$y = sinc(t)$$

下面是用该函数生成抽样信号的程序，程序运行结果如图 7 - 14 所示。

```
%抽样函数实现程序
t=-3 * pi：pi/100：3 * pi；
yt=sinc(t/pi)；
plot(t，yt)；
title('抽样信号')；
```

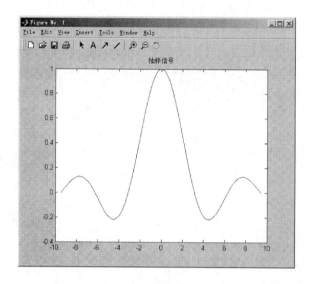

图 7 - 14 抽样信号 sinc

5. 指数信号 exp

指数信号的定义为：Ae^{at}，实指数信号在 MATLAB 中可以用 exp 函数来表示，其调用形式为

y＝A * exp(a * t)

单边衰减指数信号的源程序如下，取 A＝2、a＝－0.6，程序运行结果如图 7 - 15 所示。

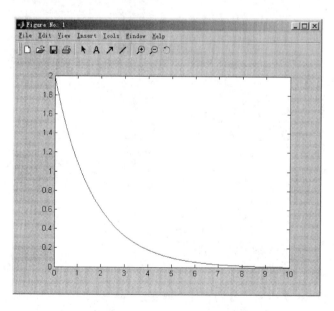

图 7 - 15 指数信号 exp

```
%指数信号实现程序
A＝2；a＝－0.6；
t＝0：0.001：10；
```

```
yt＝A * exp(a * t);

plot(t, yt)
```

虚指数信号 $Ae^{j\omega t}$ 在 MATLAB 中可用 exp 表示，其调用形式为

```
y＝A * exp(i * w * t)
```

虚指数信号的源程序如下，取 A＝2、w＝pi/4，程序运行结果如图 7 - 16 所示。

```
xz(pi/4, 0, 15, 2)
```

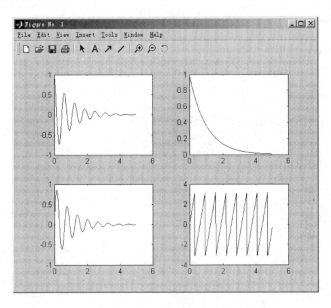

图 7 - 16　虚指数信号

调用的 MATLAB 绘制虚指数信号的子函数如下：

```
function xz(w, t1, t2, a)

%t1：绘制波形的起始时间

%t2：绘制波形的终止时间

%w：虚指数信号的角频率

%a：虚指数信号的幅度

t＝t1：0.01：t2；

X＝a * exp(i * w * t)；

Xr＝real(X)；                 %real 函数表示实部

Xi＝imag(X)；                 % imag 函数表示虚部

Xa＝abs(X)；                  %abs 表示取 X 的幅度

subplot(2, 2, 1)；plot(t, Xr)；axis([t1, t2, －(max(Xa)＋0.5)；max(Xa)＋0.5])；

title('实部')；

subplot(2, 2, 3)；plot(t, Xi)；axis([t1, t2, －(max(Xa)＋0.5)；max(Xa)＋0.5])；

title('虚部')；

subplot(2, 2, 2)；plot(t, Xa)；axis([t1, t2, 0, max(Xa)＋1])；title('模')；

subplot(2, 2, 4)；plot(t, Xn)；axis([t1, t2, －(max(Xn)＋1)；max(Xn)＋1])，title('相角')；
```

6. 正弦信号 sin

正弦信号 $A\sin(\omega_0 t＋\varphi)$ 和余弦信号 $A\cos(\omega_0 t＋\varphi)$ 可以用 MATLAB 的函数 sin 和 cos

表示，其调用形式为

A * sin(w0 * t+phi)和 A * cos(w0 * t+phi)

正弦信号的源程序如下，取 A＝2、w0＝2pi，phi＝pi/3，程序运行结果如图 7 - 17 所示。

```
%正弦型信号实现程序
A＝2；
w0＝2 * pi；
phi＝pi/3；
t＝0：0.001：10；
yt＝A * sin(w0 * t＋phi)；
plot(t，yt)
```

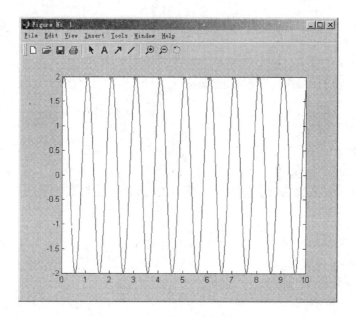

图 7 - 17　正弦信号 sin

7. 矩形脉冲信号

矩形脉冲信号在 MATLAB 中用 rectpuls 函数表示，其调用形式为

yt＝rectpuls(t，width)

下面产生一个幅值为 2、宽度为 width、相对于 t＝0 点左右对称的矩形脉冲信号。该函数的坐标范围由向量 t 决定，width 的默认值为 1。程序如下，图 7 - 18 为程序运行结果。（该例中 t＝2T）。

```
%矩形信号实现程序
t＝0：0.001：5；
T＝1；
yt＝rectpuls(t－2 * T，2 * T)；
plot(t，yt)；
grid on；
axis([0 5 －0.5 1.5])；
```

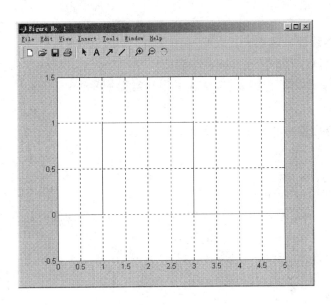

图 7 - 18　矩形脉冲信号

7.3.2　连续时间信号的基本运算与波形变换

利用 MATLAB 可以方便地实现对信号的加法、乘法、微分、积分等基本运算和时移、翻转、尺度变换等波形变换，并可以方便地用图形表示。

1. 涉及的 MATLAB 函数

1) symadd 函数

功能：实现两信号相加。

调用格式：s＝symadd(f1, f2)

　　　ezplot(s)

其中，f1，f2 表示两个连续信号，s 表示相加后的信号，ezplot 命令用来绘制其结果波形图。

2) symmul 函数

功能：实现两信号相乘。

调用格式：w＝symmul(f1, f2)

　　　ezplot(w)

其中，f1，f2 表示两个连续信号，w 表示相加后的信号，ezplot 命令用来绘制其结果波形图。

3) diff 函数

功能：实现连续信号微分。

例：$y=(\sin x)'=\cos x$ 可以用 MATLAB 语句实现

　　　h＝0.01；

　　　x＝0：h：pi；

　　　y＝diff(sin(x))/h；

4) quad 函数

功能：实现连续信号定积分。

调用格式：Quad('function_name', a, b)

其中，function_name 为被积函数名，a 和 b 为指定积分区间。

5) subs 函数

功能：实现连续信号的时移、翻转和尺度变换。

调用格式：

　　时移

　　y=subs(f, t, t−t0)

其中，f 表示连续时间信号，t 是符号变量，subs 将连续信号中的时间变量 t 用 t−t0 替换。

　　翻转

　　y=subs(f, t, −t)

其中，subs 将连续信号中的时间变量 t 用−t 替换

　　尺度变换

　　y=subs(f, t, a * t)

其中，subs 将连续信号中的时间变量 t 用 a * t 替换。

2. 应用实例

【例 7 - 1】 已知信号 $f_1(t)=(-2t+4)\times[u(t)-u(t-2)]$，$f_2(t)=\cos(2t)$，用 MATLAB 求满足下列要求的信号波形。

(1) $f_3(t)=f_1(-t)+f_1(t)$；

(2) $f_4(t)=-[f_1(-t)+f_1(t)]$；

(3) $f_5(t)=f_2(-t)\times f_3(t)$；

(4) $f_6(t)=f_1(-t)\times f_2(t)$。

程序如下：

```
syms t;
f1=sym('(−2 * t+4) * (jieyue(t)−jieyue(t−2))');
subplot(2, 3, 1); ezplot(f1); title('f1(t)');
f2=sym('sin(2 * pi * t)');
subplot(2, 3, 4); ezplot(f2); title('f2(t)');
y1=subs(f1, t, −t);
f3=f1+y1;
subplot(2, 3, 2); ezplot(f3); title('f3(t)=f1(t)+f1(−t)');
f4=−f3;
subplot(2, 3, 3); ezplot(f4); title('f4(t)');
f5=f2 * f3;
subplot(2, 3, 5); ezplot(f5); title('f5(t)');
f6=f1 * f2;
subplot(2, 3, 6); ezplot(f6); title('f6(t)');
```

运行结果如图 7 - 19 所示。

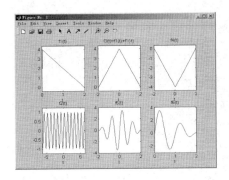

图 7 - 19　例 7 - 1 图

【**例 7 - 2**】　已知信号 $f(t) = \left(1 + \dfrac{t}{2}\right) \times \left[\varepsilon(t+2) - \varepsilon(t-2)\right]$，用 MATLAB 画出 $f(t+2)$、$f(t-2)$、$f(-t)$、$f(2t)$、$-f(t)$ 的时域波形。

程序如下：

```
syms t;
f＝sym('(t/2＋1) * (jieyue(t＋2)－jieyue(t－2))');
subplot(2, 3, 1);
ezplot(f, [－3, 3]); title('f(t)');
y1＝subs(f, t, t＋2);
subplot(2, 3, 2); ezplot(y1, [－5, 1]); title('f(t＋2)');
y2＝subs(f, t, t－2);
subplot(2, 3, 3); ezplot(y2, [－1, 5]); title('f(t－2)');
y3＝subs(f, t, －t);
subplot(2, 3, 4); ezplot(y3, [－3, 3]); title('f(－t)');
y4＝subs(f, t, 2 * t);
subplot(2, 3, 5); ezplot(y4, [－2, 2]); title('f(2t)');
y5＝－f;
subplot(2, 3, 6); ezplot(y5, [－3, 3]); title('－f(t)');
```

运行结果如图 7 - 20 所示。

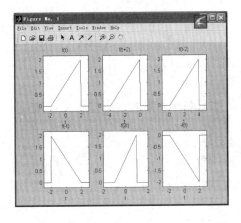

图 7 - 20　例 7 - 2 图

7.3.3　连续时间系统的冲激响应和阶跃响应

利用 MATLAB 提供的函数可以方便地求出单位冲激响应和阶跃响应的数值解，所得结果可绘图直观表示。

1. 涉及的 MATLAB 函数

1) impulse 函数

功能：求解连续时间系统的冲激响应。

调用格式：impulse(b, a)

该调用格式以默认方式绘出向量 a 和 b 定义的连续系统的冲激响应的时域波形。其中 b 是方程式右侧的系数，a 为方程式左侧的系数。

impulse(b, a, t)

该调用格式绘出向量 a 和 b 定义的连续系统在 0～t 时间范围内的冲激响应的时域波形。

impulse(b, a, t1：p：t2)

该调用格式绘出向量 a 和 b 定义的连续系统在 t1～t2 时间范围内，并且以时间间隔 p 均匀取样的冲激响应的时域波形。

y= impulse(b, a, t1：p：t2)

该调用格式绘不出系统冲激响应的波形，而是求出向量 a 和 b 定义的连续系统在 t1～t2 时间范围内，并且以时间间隔 p 均匀取样的冲激响应的数值解。

2) step 函数

功能：求解连续时间系统的阶跃响应。

调用格式：该函数和函数 impulse()一样有以下四种格式。

- step(b, a)
- step(b, a, t)
- step(b, a, t1：p：t2)
- y= step(b, a, t1：p：t2)

2. 应用实例

【例 7 - 3】　已知一个 LTI 系统的微分方程为 $y''(t)+5y'(t)+6y(t)=f(t)$，用 MATLAB求系统的冲激响应和阶跃响应。

解

用理论计算求得系统的冲激响应和阶跃响应的表达式为

$$h(t) = (\mathrm{e}^{-2t} - \mathrm{e}^{-3t})u(t)$$

$$g(t) = \left(-\frac{1}{2}\mathrm{e}^{-2t} + \frac{1}{3}\mathrm{e}^{-3t}\right)\varepsilon(t)$$

求 $h(t)$ 和 $g(t)$ 的 MATLAB 程序如下：

```
b=[1];
a=[1 5 6];
subplot(1, 2, 1);
```

```
impulse(b, a);
title('冲激响应');
subplot(1, 2, 2);
step(b, a)
title('阶跃响应');
```

运行结果如图 7 - 21 所示。

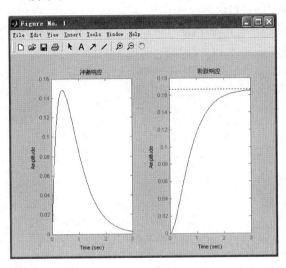

图 7 - 21　例 7 - 3 图

7.3.4　连续时间信号的卷积运算

卷积积分运算可以用信号的分段求和实现，函数 $f_1(t)$ 和函数 $f_2(t)$ 卷积的定义为

$$y(t) = f_1(t) * f_2(t) = \int_{-\infty}^{\infty} f_1(\tau) f_2(t-\tau) \mathrm{d}\tau$$

此式可以表示为

$$y(t) = f_1(t) * f_2(t) = \int_{-\infty}^{\infty} f_1(\tau) f_2(t-\tau) \mathrm{d}\tau = \lim_{\Delta \to 0} \sum_{k=-\infty}^{\infty} f_1(k\Delta) \cdot f_2(t-k\Delta) \cdot \Delta$$

如果只求当 $t = n\Delta$（n 为整数）时的 $y(t)$ 的值 $y(n\Delta)$，则得

$$y(n\Delta) = \sum_{k=-\infty}^{\infty} f_1(k\Delta) \cdot f_2(n\Delta - k\Delta) \cdot \Delta = \Delta \sum_{k=-\infty}^{\infty} f_1(k\Delta) \cdot f_2[(n-k)\Delta]$$

式中，$\sum_{k=-\infty}^{\infty} f_1(k\Delta) \cdot f_2[(n-k)\Delta]$ 实际上就是连续信号 $f_1(t)$ 和 $f_2(t)$ 经过时间间隔 Δ 均匀采样的离散序列 $f_1(k\Delta)$ 和 $f_2(k\Delta)$ 的卷积和。当 Δ 足够小时，$f(n\Delta)$ 就是卷积积分的结果。

因此用 MATLAB 实现连续信号 $f_1(t)$ 与 $f_2(t)$ 卷积的过程如下：

(1) 将连续信号 $f_1(t)$ 与 $f_2(t)$ 以时间间隔 Δ 进行取样，得到离散序列 $f_1(k\Delta)$ 和 $f_2(k\Delta)$；

(2) 构造与 $f_1(k\Delta)$ 和 $f_2(k\Delta)$ 相对应的时间向量 k_1 和 k_2（注意，此时时间序列向量 k_1 和 k_2 的元素不再是整数，而是取样时间间隔 Δ 的整数倍的时间间隔点）；

（3）调用时间函数 conv() 计算卷积积分 $y(t)$ 的近似向量 $y(n\Delta)$；

（4）构造 $y(n\Delta)$ 对应的时间向量 k。

1. 涉及的 MATLAB 函数

Conv 函数

功能：实现信号的卷积运算。

调用格式：y＝conv(u, v)

说明：该函数假定两个序列都从零开始，计算两个有限长度序列的卷积。

2. 应用实例

【例 7 - 4】 已知 $f_1(t)=tu(t)$，$f_2(t)=\begin{cases} te^{-2t} & t\geqslant 0 \\ e^{2t} & t<0 \end{cases}$，试用 MATLAB 求卷积 $y(t)=f_1(t)*f_2(t)$。

解 源程序如下：

```
t1＝-1：0.01：5；
f1＝t1.*(t1>0)；
t2＝-1：0.01：5；
f2＝t2.*exp(-2.*t2).*(t2>0)+exp(2.*t2).*(t2<0)；
y＝conv(f1, f2)；              %计算卷积
t3＝-2：0.01：10；
subplot(311), plot(t1, f1)；
title('f1(t)')；
subplot(312), plot(t2, f2)；
title('f2(t)')；
subplot(313), plot(t3, y)；
title('f1(t)*f2(t)')；
```

运行结果如图 7 - 22 所示。

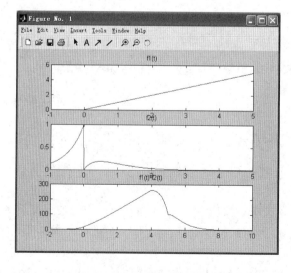

图 7 - 22 例 7 - 4 图

【**例 7 - 5**】　已知两连续信号如图 7 - 23 所示，试用 MATLAB 求卷积 $y(t) = f_1(t) * f_2(t)$。

解　源程序如下：

```
k1=0：0.01：4；
f1=0.5*k1；
k2=k1；
f2=f1；
y=conv(f1, f2)；
k3=0：0.01：8；
subplot(311)，plot(k1, f1)；
title('f1(t)')；
subplot(312)，plot(k2, f2)；
title('f2(t)')；
subplot(313)，plot(k3, y)；
title('f1(t)*f2(t)')；
```

运行结果如图 7 - 23 所示。

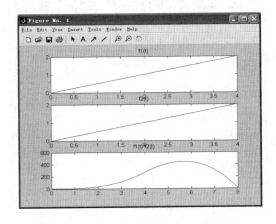

图 7 - 23　例 7 - 5 图

7.3.5　连续时间系统的零输入响应和零状态响应

对于一个动态系统而言，其响应 $y(t)$ 不仅与激励 $f(t)$ 有关，而且还与系统的初始状态有关。对于线性系统，通常可分为零输入响应和零状态响应两部分。对于低阶系统，一般可以通过解析分析的方法得到响应。但是对于高阶系统，手工计算比较困难，利用 MATLAB 强大的计算功能就可以方便得到系统的零输入响应、零状态响应和完全响应。

1. 直接求解法

涉及的 MATLAB 函数有：

(1) roots(零输入响应)和 lsim(零状态响应)。

功能：实现信号的零输入响应。

调用格式：y=conv(u, v)

说明：该函数假定两个序列都从零开始，计算两个有限长度序列的卷积。

(2) lsim(零状态响应)。

功能：实现信号的零状态响应。

调用格式：lsim(b, a, f, t)

说明：其中 b 是方程式右侧系数，a 是方程式左侧系数，f 为输入激励信号函数。

【例 7 - 6】 已知一线性非时变系统为 $y''(t)+2y'(t)+y(t)=f'(t)+2f(t)$，求当输入信号为 $f(t)=5e^{-2t}u(t)$ 时，该系统的零状态响应。

解　源程序如下：

```
a=[1 2 1];
b[1 2];
p=0.01;
t=0：p：5;
f=5*exp(-2*t);
lsim(b, a, f, t);
ylabel('y(t)');
```

运行结果如图 7 - 24 所示。

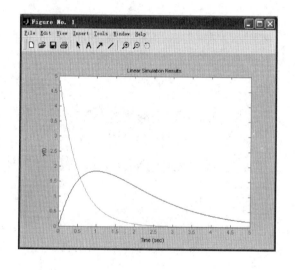

图 7 - 24　例 7 - 6 图

2. 卷积计算法

用卷积积分计算线性非时变系统的零状态响应。若对于 LTI 系统，则系统的冲激响应为 $h(t)$，则输入为 $f(t)$ 时系统的零状态响应 $y_f(t)$ 为

$$y(t) = f(t) * h(t) = \int_{-\infty}^{\infty} f(\tau)h(t-\tau)\mathrm{d}\tau = \int_{-\infty}^{+\infty} f(t-\tau)h(\tau)\mathrm{d}\tau$$

7.4　MATLAB 用于连续时间系统的频域分析

7.4.1　周期信号的分解与合成——傅立叶级数

对于连续时间周期信号 $f(t)$ 可以展开成指数型傅立叶级数。其傅立叶级数的系数为 F_n，其变换对为

正变换：

$$F_n = \frac{1}{T} \int_{-T/2}^{T/2} f(t) e^{-jn\omega_0 t} \, dt$$

反变换：

$$f(t) = \sum_{n=-\infty}^{\infty} F_n e^{jn\omega_0 t}$$

式中，$\omega_0 = 2\pi/T$ 为离散频率相邻两谱线之间的角频率间隔，N 为谐波序号。

【例 7 - 7】　求矩形脉冲信号 $f(t) = \begin{cases} 1 & 4k-5 < t < 4k-3 \quad (k \text{ 为整数}) \\ 0 & t \text{ 为其他值} \end{cases}$，以 4 为周期的傅立叶级数表示形式，并求其前 N 项和。

解　因为

$$F_n = \frac{A\tau}{T} \mathrm{Sa}\left(\frac{n\omega_0 \tau}{2}\right) = 0.5 \, \mathrm{Sa}(n\pi)$$

式中 A 为矩形脉冲的幅度，τ 为矩形脉冲的宽度。

所以

$$f(t) = \sum_{n=-\infty}^{\infty} F_n e^{jn\omega_0 t} = \lim_{N \to \infty} \sum_{n=-N}^{N} F_n e^{jn\pi t/2} = \lim_{N \to \infty} 0.5 \sum_{n=-N}^{N} \mathrm{Sa}(n\pi) e^{jn\pi t/2}$$

源程序如下：

```
t=-10: 0.001: 10;
N=input('N=');
F0=0.5;
fN=F0 * ones(1, length(t));
for n=-N: 2: N;
fN=fN+0.5 * sinc(n/2) * exp(j * pi * t * n/2);
end
plot(t, fN);
grid on;
title(['N='num2str(N)]);          % num2str(N)转换数为字符串
axis([-10 10 -0.2 1.2]);
```

运行结果如图 7 - 25 和 7 - 26 所示。

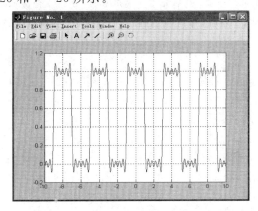

图 7 - 25　$N=9$ 时的运行结果

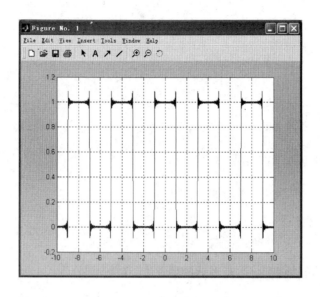

图 7 - 26 $N=57$ 时的运行结果

7.4.2 周期信号的频谱

周期信号有单边频谱和双边频谱，现在以双边频谱为例利用 MATLAB 观察它的频谱特点。

【例 7 - 8】 已知周期三角波脉冲如图 7 - 27 所示，周期 $T=5$，其幅度为 ± 1，试用 MATLAB 画出该信号的双边频谱。

解 源程序如下：

```
%周期三角波双边频谱
function[A_sym, B_sym]=CTFSjbshb(T, Nf)
%采用符号计算求[0, T]内时间函数的三角级数展开系数
%函数的输入输出都是数值量
%Nf    谐波的阶数
%Nn    输出数据的准确位数
%A_sym 第一元素是直流项，其后元素依次是1，2，3...次谐波 cos 项的展开系数
%B_sym 第2，3，4，...元素依次是1，2，3...次谐波 cos 项的展开系数
syms t n k y
T=5;
if nargin<4; Nf=input('请输入所需展开的最高谐波次数：'); end
T=5;
if nargin<5; Nn=32; end
y=time_fun_s(t);
A0=2*int(y, t, 0, T)/T;
As=int(2*y*cos(2*pi*n*t/T)/T, t, 0, T);
Bs=int(2*y*sin(2*pi*n*t/T)/T, t, 0, T);
A_sym(1)=double(vpa(A0, Nn));
```

```
for k＝1: Nf
    A_sym(k＋1)＝double(vpa(subs(As, n, k), Nn));
    B_sym(k＋1)＝double(vpa(subs(Bs, n, k), Nn)); end
if nargout＝＝0
    S1＝fliplr(A_sym)                %对 A_sym 阵左右对称交换
    S1(1, k＋1)＝A_sym(1)            %对 A_sym 的 1∗k 阵扩展为 1∗(k＋1)阵
    S2＝fliplr(1/2∗S1)              %对扩展后的 S1 阵左右对称交换回原位置
    S3＝fliplr(1/2∗B_sym)           %对 B_sym 阵左右对称交换
    S3(1, k＋1)＝0                  %对 B_sym 的 1∗k 阵扩展为 1∗(k＋1)阵
    S4＝fliplr(S3)                  %对扩展后的 S3 阵左右对称交换回原位置
    S5＝S2－i∗S4;                  %用三角函数展开系数 A, B 值合成傅立叶指数系数
    S6＝fliplr(S5);                 %对傅立叶指数复系数 S6 阵左右对称交换回原位置
    N＝Nf∗2∗pi/T;
    k2＝－N: 2∗pi/T: N;            %形成－N: N 的变量
    S7＝[S6, S5(2: end)];          %形成－N: N 的傅立叶指数对称复系数
    subplot 211;
    x＝sjb_timefun(t, T)           %调用连续时间函数－周期三角脉冲
    T＝5; t＝－2∗T: 0.01: 2∗T;
    plot(t, x)
    title('连续时间函数－周期三角脉冲')
    axis([－10, 10, －1, 1.2])
    line([－10, 10], [0, 0])
    subplot 212
    stem(k2, abs(S7));              %画出周期三角脉冲的频谱(脉宽 a＝T/2)
    title('连续时间函数周期三角脉冲的双边幅度谱')
    axis([－80, 80, 0, 0.25])
    end
%－－－－－－－－－－－－－－－－－－－－－－－－－－－－－－－－－－－－
    function y＝time_fun_s(t)
    %该函数是 CTFSsjbshb.m 的子函数,它由符号函数和表达式写成
    syms a al
    T＝5; a＝T/2;
    y1＝sym('Heaviside(t＋al)')∗(2∗t/al＋1)＋sym('Heaviside(t－al)')∗(2∗t/al－1);
    y＝y1－sym('Heaviside(t)')∗(4∗t/al);
    y＝subs(y, al, a);
    y＝simple(y);
%－－－－－－－－－－－－－－－－－－－－－－－－－－－－－－－－－－－－
    Function x＝sjb_timefun(t, T)
    %该函数是 CTFSsjbshb.m 的子函数,它由三角波函数写成
    T＝5; t＝－2∗T: 0.01: 2∗T;
    x＝sawtooth(t－2∗T/3, 0.5);
```

运行结果如图 7 - 27 所示。

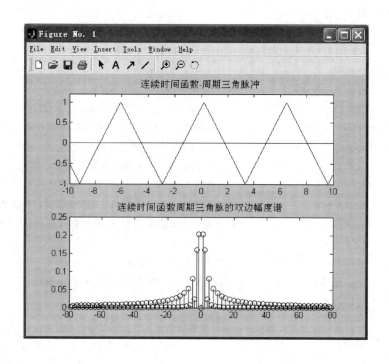

图 7 - 27　$N=87$ 时的运行结果

7.4.3　非周期信号的频谱——傅立叶变换

对于连续时间非周期信号 $f(t)$ 进行傅立叶变换，得到的是连续非周期的频谱密度函数 $F(\omega)$，其变换对为

正变换：

$$F(\omega) = \int_{-\infty}^{\infty} f(t) e^{-j\omega t} \, dt$$

反变换：

$$f(t) = \frac{1}{2\pi} \int_{-\infty}^{\infty} F(\omega) e^{j\omega t} \, d\omega$$

1. 涉及的 MATLAB 函数

1) fourier 函数

功能：实现信号的傅立叶变换。

调用格式：

  F＝fourier(f) %符号函数 f 的傅立叶变换，默认返回函数 F 是关于 ω 的函数

  F＝fourier(f,v) %符号函数 f 的傅立叶变换，返回函数 F 是关于 v 的函数

  F＝fourier(f,u,v) %关于 u 的函数 f 傅立叶变换，默认返回函数 F 是关于 v 的函数

2) ifourier 函数

功能：实现信号 $F(\omega)$ 的傅立叶反变换。

调用格式：

　　　　f＝ifourier(F)％符号函数 f 的傅立叶反变换，默认独立变量为 ω，默认返回是关
　　　　　　于 x 的函数
　　　　f＝ifourier(F，u)％返回函数 f 是关于 u 的函数，而不是默认 x 的函数
　　　　f＝ifourier(f，v，u)％关于 v 的函数 F 进行傅立叶反变换，返回关于 u 的函数 f
　　3) quad8 函数

功能：用来进行非周期信号的频谱。

调用格式：

　　　　y＝quad8('func'，a，b)
　　　　y＝quad8('func'，a，b，TOL，TRACE，p1，p2，…)

　　其中，func 是一个字符串，表示被积函数的.m 文件名；a，b 分别表示定积分的下限和
上限；TOL 表示指定允许的相对或绝对积分误差，非零的 TRACE 表示以被积函数的点绘
图形式来跟踪该 quad8 函数生成的返回值，如果 TOL 和 TRACE 均赋以空矩阵，则两者
均自动使用默认值；'p1、p2、…'表示被积函数所需的多个额外输入参数。

　　4) quad1 函数

功能：用来进行非周期信号的频谱。

调用格式：

　　　　y＝quad1(fun，a，b)
　　　　y＝quad8(fun，a，b，TOL，TRACE，p1，p2，…)

其中 fun 是指定被积函数。

2. 应用实例

【例 7 - 9】　利用 MATLAB，采用数值近似方法计算门函数 $g(t)=\begin{cases}1 & |t|<1 \\ 0 & |t|>1\end{cases}$ 的
频谱。

　　解　MATLAB 工具箱中没有现成的表示矩形信号的函数，所以就需要在自己的工作
目录 work 下创建该文件，并以 gate.m 命名。该文件如下：

```
function y＝gate(t，w)
y＝(abs(t)<1).*(1).*exp(−j*w*t);
gate.m 文件存盘以后，应用时只要调用该文件即可。
w＝linspace(−20，20，256);              ％创建从−20～20 有 256 个元素的行向量
N＝length(w);  F＝zeros(1，N);
for k＝1: N
    F(k)＝quad8('gate'，−1，1，[]，[]，w(k))
    end
plot(w，real(F));
grid on;
axis([−20 20 −0.5 2.1]);
xlabel('\omega'); ylable('F(j\omega)');
title('门信号函数')
```

运行结果如图 7 - 28 所示。

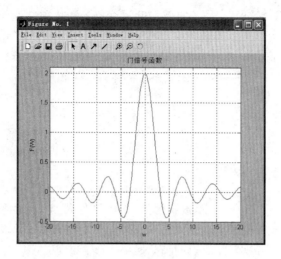

图 7 - 28 例 7 - 9 的运行结果

【例 7 - 10】 利用 MATLAB 画出信号 $f(t) = \dfrac{1}{3}e^{-3t}u(t)$ 及其频谱（幅度谱及相位谱）。

解 MATLAB 源程序如下：

```
r=0.01;
t=-6: r: 6;
N=200;
W=2 * pi * 1;
k=-N: N;
w=k * W/N;
f1=1/3. * exp(-3 * t). * jieyue(t);
F=r * f1 * exp(-j * t' * w);
F1=abs(F);
P1=angle(F);
subplot(311);
plot(t, f1);
grid on;
xlabel('t');
ylabel('f(t)');
title('f(t)');
subplot(312);
plot(w, F1);
xlabel('w');
grid on;
ylabel('F(w)');
subplot(313);
plot(w, P1 * 180/pi);
grid on;
xlabel('w');
```

ylabel$('P(度)')$;

运行结果如图 7 - 29 所示。

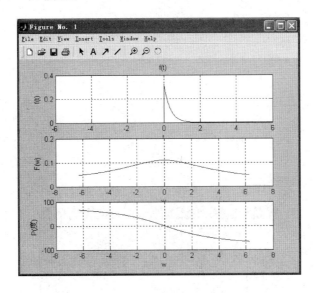

图 7 - 29　例 7 - 10 的运行结果

7.4.4　傅立叶变换性质用 MATLAB 实现

1. 时移特性

若 $f(t) \leftrightarrow F(\omega)$，则有

$$f(t \pm t_0) \leftrightarrow F(\omega) e^{\pm j\omega t}$$

【例 7 - 11】　用 MATLAB 画出例 7 - 11 中的指数信号左移 0.5 个单位所得信号 $f(t) = \frac{1}{3} e^{-3(t+0.5)} u(t+0.5)$ 的频谱图。

解　MATLAB 源程序如下：

```
r=0.01;
t=-6: r: 6;
N=200;
W=2 * pi * 1;
k=-N: N;
w=k * W/N;
f1=1/3. * exp(-3 * (t+0.5)). * jieyue(t+0.5);
F=r * f1 * exp(-j * t' * w);
F1=abs(F);
P1=angle(F);
subplot(311);
plot(t, f1);
grid on;
xlabel('t');
ylabel('f(t)');
```

```
title('f(t)');
subplot(312);
plot(w, F1);
xlabel('w');
grid on;
ylabel('F(w)');
subplot(313);
plot(w, P1 * 180/pi);
grid on;
xlabel('w');
ylabel('相位(度)');
```

运行结果如图 7 – 30 所示。

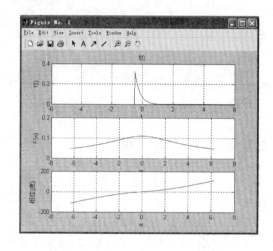

图 7 – 30　例 7 – 11 的运行结果

2. 频移特性

若 $f(t) \leftrightarrow F(\omega)$，则有

$$f(t)\,\mathrm{e}^{\pm \mathrm{j}\omega_0 t} \leftrightarrow F(\omega \mp \omega_0)$$

【例 7 – 12】　利用 MATLAB 画出 $f(t) = \dfrac{1}{2}\mathrm{e}^{-2t}[u(t+1) - u(t-1)]$ 分别频移 $\mathrm{e}^{\pm 10t}$ 的频谱图。

解　MATLAB 源程序如下：

```
%用傅立叶变换的频移特性实现程序
R=0.02;
T=-2:R:2;
f=1/2 * exp(-2 * t). * (jieyue(t+1)-jieyue(t-1));
f1=f. * exp(-j * 10 * t);
f2=f. * exp(j * 10 * t);
W1=2 * pi * 5;
N=500; k=-N:N; W=k * W1/N;
F1=f1 * exp(-j * t' * W) * R;
```

```
F2＝f2 * exp(−j * t′ * W) * R；
F1＝real(F1)；
F2＝real(F2)；
subplot(121)；
plot(W, F1)；
xlabel('w')
ylabel('F1(w)')；
title('F(W 左移到 w＝10 处的频谱 F1(W)')；
subplot(122)；
plot(W, F2)；
xlabel('w')；
ylabel('F2(w)')；
title('F(W 右移到 w＝10 处的频谱 F2(W)')；
```

运行结果如图 7 - 31 所示。

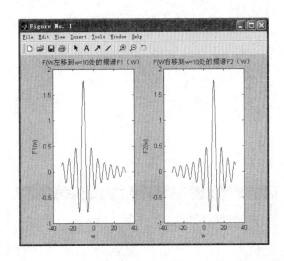

图 7 - 31　例 7 - 12 的运行结果

3. 对称特性

若 $f(t) \leftrightarrow F(\omega)$，则有

$$F(t) \leftrightarrow 2\pi f(-\omega)$$

【**例 7 - 13**】　利用 MATLAB 画出抽样信号 $Sa(t)$ 的频谱图。

解　MATLAB 源程序如下：

```
%用傅立叶变换的对称性实现程序
r＝0.02；
t＝−16：r：16；
f＝sinc(t)；
f1＝pi. * (jieyue(t＋1)−jieyue(t−1))；
N＝500；
W＝5 * pi * 1；
k＝−N：N；
```

W＝k＊W/N；

F＝r＊sinc(t/pi)＊exp(−j＊t′＊w)；

F1＝r.＊f1＊exp(−j＊t′＊w)；

Subplot(221)；

plot(t, f)；

xlabel('t')；

ylabel('f(t)')；

subplot(222)；

plot(w, real(F))；

axis([−2 2 −1 4])；

xlabel('w')；

ylabel('F(w)')；

subplot(223)；

plot(t, f1)；

axis([−2 2 −1 4])；

xlabel('t')；

ylabel('f1(t)')；

subplot(224)；

plot(w, real(F1))；

axis([−20 20 −3 7])；

xlabel('w')；

ylabel('F1(w)')；

运行结果如图 7 – 32 所示。

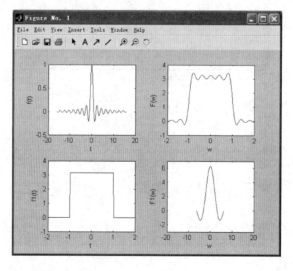

图 7 – 32   例 7 – 13 的运行结果

4. 尺度变换

若 $f(t) \leftrightarrow F(\omega)$，则有

$$f(at) \leftrightarrow \frac{1}{|a|}F\left(\frac{\omega}{a}\right) \qquad a \neq 0$$

【例 7 - 14】　利用 MATLAB 画出 $f(t)=u(2t+1)-u(2t-1)$ 的波形及频谱。

解　MATLAB 源程序如下：

```
％用傅立叶变换的尺度变换特性
R＝0.02;
t＝-2：R：2;
f＝jieyue(2 * t+1)-jieyue(2 * t-1);
W1＝2 * pi * 5;
N＝500; k＝0：N; W＝k * W1/N;
F＝f * exp(-j * t' * W) * R;
F＝real(F);
W＝[-fliplr(W)，W(2：501)];
F＝[fliplr(F)，F(2：501)];
subplot(221);
plot(t，f);
xlabel('t');
ylabel('f(t)');
title('f(t)＝u(2 * t+1)-u(2 * t-1)');
subplot(212);
plot(W，F);
xlabel('W');
ylabel('F(W)');
title('f(t)的傅立叶变换 F(W)');
```

运行结果如图 7 - 33 所示。

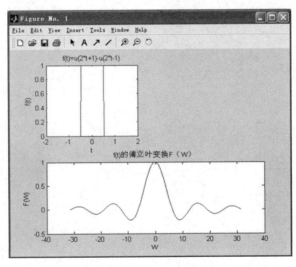

图 7 - 33　例 7 - 14 的运行结果

5. 时域卷积特性

若 $f_1(t) \leftrightarrow F_1(\omega)$，$f_2(t) \leftrightarrow F_2(\omega)$，则有

$$f_1(t) * f_2(t) \leftrightarrow F_1(\omega) \cdot F_2(\omega)$$

【例 7 - 15】　利用 MATLAB 画出矩形脉冲信号 $f(t)=u(t+1)-u(t-1)$ 自卷积后的

频谱图。

解　MATLAB 源程序如下：

```
%用傅立叶变换的时域卷积特性
R＝0.05；
t＝－2：R：2；
f＝jieyue(t＋1)－jieyue(t－1)；
subplot(321)；
plot(t, f)；
xlabel('t')；
ylabel('f(t)')；
y＝R＊conv(f, f)；
n＝－4：R：4；
subplot(322)；
plot(n, y)；
xlabel('t')；
ylabel('y(t)＝f(t)＊f(t)')；
axis([－6 6 －1 6])；
W1＝2＊pi＊5；
N＝200；
k＝－N：N；
W＝k＊W1/N；
F＝f＊exp(－j＊t'＊W)＊R；
F＝real(F)；
Y＝y＊exp(－j＊n'＊W)＊R；
Y＝real(Y)；
F1＝F. ＊F；
subplot(323)；
plot(W, F)；
xlabel('W')；
ylabel('F(W)')；
subplot(324)；
plot(W, F1)；
xlabel('W')；
ylabel('F(W). F(W)')；
axis([－40 40 0 8])；
subplot(325)；
plot(W, Y)；
xlabel('W')；
ylabel('Y(W)')；
axis([－40 40 0 8])；
```

运行结果如图 7 - 34 所示

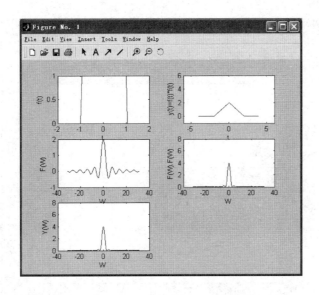

图 7 - 34　例 7 - 15 的运行结果

7.4.5　MATLAB 计算系统的频率响应

如果系统的微分方程已知，可以利用函数 freqs 来求出系统的频率响应，其调用格式为

　　　　H＝freqs(b, a, w)

其中，b、a 分别为微分方程右边和左边各阶导数前的系数组成的向量，w 是计算频率响应时由频率抽样点构成的向量。

【例 7 - 16】　求以下系统的频率响应 $y''(t)+5y'(t)+6y(t)=f(t)$。

解　MATLAB 源程序如下：

```
％频率响应程序如下
b＝1；
a＝[1 5 6]；
fs＝0.01 * pi；
w＝0：fs：4 * pi；
H＝freqs(b, a, w)；
subplot(211)；
plot(w, abs(H))；％求幅度值
xlabel('角频率(w)')；
ylabel('相位')；
subplot(212)；
plot(w, 180 * angle(H)/pi)；
xlabel('角频率(w)')；
ylabel('相位')；
```

运行结果如图 7 - 35 所示。

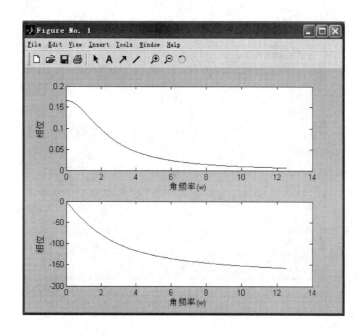

图 7 - 35　例 7 - 16 的运行结果

7.5　MATLAB 用于连续时间系统的 s 域分析

7.5.1　利用 MATLAB 绘制连续时间系统的零极点图

连续时间系统的系统函数为

$$H(s) = \frac{N(s)}{D(s)} = \frac{b_m s^m + b_{m-1} s^{m-1} + \cdots + b_1 s + b_0}{s^n + a_{n-1} s^{n-1} + \cdots + a_1 s + a_0} = H_0 \frac{\prod\limits_{i=1}^{m}(s - z_i)}{\prod\limits_{j=1}^{n}(s - p_j)}$$

其中，$N(s)$ 和 $D(s)$ 分别是微分方程系数决定的关于 s 的多项式；H_0 为常数，$z_i (i = 1, 2, \cdots, m)$ 为系统的 m 个零点；$p_j (j = 1, 2, \cdots, n)$ 为系统的 n 个极点。可见系统的零点和极点已知，系统函数就可以确定了，也就是说系统函数的零极点分布完全决定了系统的特性。

1. 涉及的 MATLAB 函数

roots 函数

功能：计算多项式的根

调用格式：R＝roots(b)　　　％计算多项式 b 的根，R 为多项式的根

2. 应用实例

【例 7 - 17】 已知连续系统的系统函数为 $H(s) = \dfrac{s-1}{s^2 - 5s + 6}$，试用 MATLAB 绘制系统的零极点分布图。

解　MATLAB 源程序如下：

```
% 绘制系统的零极点
b=[1 −1];
a=[1 −5 6];
zs=roots(b);
ps=roots(a);
plot(real(zs),imag(zs),'o',real(ps),imag(ps),'rx','markersize',12);
axis([−1 4 −1 4]); grid on;
legend('零点','极点');
```

运行结果如图 7－36 所示。

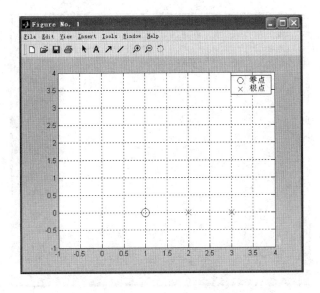

图 7－36　例 7－17 的运行结果

【**例 7－18**】　已知连续时间系统的系统函数如下所示，试用 MATLAB 绘出系统的零极点分布图，并判断系统是否稳定。

$$H(s) = \frac{s^2 - 4}{s^4 + 7s^3 + 17s^2 + 17s + 6}$$

解　MATLAB 程序如下：

```
A=[1 7 17 17 6];
B=[1 0 −4];
p=roots(A);
q=roots(B);
p=p';
q=q';
x=max(abs([p q]));
x=x+0.1;
y=x;
clf
hold on
```

```
axis([-x x -y y]);
axis('square')
plot([-x x],[0 0])
plot([0 0],[-y y])
plot(real(p),imag(p),'x')
plot(real(q),imag(q),'o')
title('连续时间系统的零极点图')
text(0.2,x-0.2,'虚轴')
text(y-0.2,0.2,'实轴')
```

运行结果如图 7 - 37 所示。

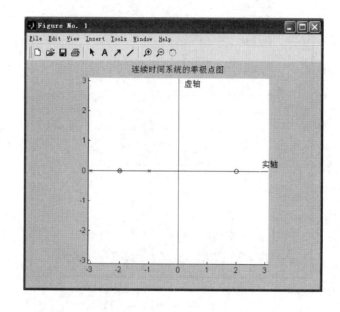

图 7 - 37   例 7 - 18 的运行结果

由图 7 - 37 可以看出，该系统的极点 -1(二重)、-2、-3 均落在 s 的左半平面，故该系统是稳定的。

7.5.2   利用 MATLAB 实现拉普拉斯正、反变换

对于一个实函数 $f(t)$ 其单边拉普拉斯变换定义为

正变换：

$$F(s) = \int_{0_-}^{\infty} f(t) e^{-st} \, dt$$

反变换

$$f(t) = \frac{1}{2\pi j} \int_{\sigma-j\infty}^{\sigma+j\infty} F(s) e^{st} \, ds \qquad t \geqslant 0$$

1. 涉及的 MATLAB 函数

1) residue 函数

功能：按留数法计算拉普拉斯反变换。

调用格式：[r, p, k]＝reside(num, den)

其中，num、den 分别是 N(s)、D(s)多项式系统按降序排列的行向量。

2) laplace 函数

功能：用符号推理法求解拉普拉斯变换。

调用格式：L＝laplace(f)

其中，f 为函数，默认为变量 t 的函数，返回 L 为 s 的函数，在调用函数时，要用 syms 命令定义符号变量 t。

3) ilaplace 函数

功能：用符号推理法求解拉普拉斯反变换。

调用格式：L＝ilaplace(F)

2. 应用实例

【例 7 - 19】　已知连续信号的拉普拉斯变换为 $F(s)=\dfrac{2s+5}{s^2+7s+12}$ 求拉普拉斯反变换。

解　MATLAB 源程序如下：
```
num=[2 5];
den=[1 7 12 0];
[r, p, k]=residue(num, den);
r=r′
p=p′
```
运行结果如下：
```
r =

    −0.7500    0.3333    0.4167


p =

    −4    −3    0
```

【例 7 - 20】　利用 MATLAB 函数求出 $f(t)=e^{-3t}\cos(3t)$ 的拉普拉斯变换。

解　MATLAB 源程序如下：
```
f=sym('exp(−2 * t) * cos(3 * t)');
F=laplace(f)
```
运行结果如下：
```
F =

(s+2)/((s+2)^2+9)
```

【例 7 - 21】　利用 MATLAB 函数 ilaplace 求出 $F(s)=\dfrac{1}{s^2+3s+2}$ 的拉普拉斯反变换。

解　MATLAB 源程序如下：
```
F=sym('1/s^2+3 * s+2');
f=ilaplace(F)
```

运行结果如下：

f =

t+3 * Dirac(1, t)+2 * Dirac(t)

【例 7 - 22】 用 MATLAB 绘制拉普拉斯变换为 $F(s)=\dfrac{2(s-3)(s+3)}{(s-1)^2(s+2)}$ 的曲面图。

解 MATLAB 源程序如下：

```
a=-6：0.48：6;
b=-6：0.48：6;
[a, b]=meshgrid(a, b);
c=a+i * b;
d=2 * (c-3) * (c+3);
e=(c+1)^2. * (c+2);
c=d. /e;
c=abs(c);
mesh(a, b, c);
surf(a, b, c);
axis([-6, 6, -6, 6, 0, 3]);
title('拉普拉斯变换曲面');
colormap(hsv);
view(-25, 30);
```

运行结果如图 7 - 38 所示。

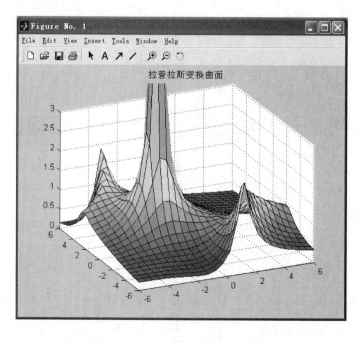

图 7 - 38 例 7 - 22 的运行结果

7.5.3　利用 MATLAB 绘制系统的频率特性曲线

系统的频率特性包括幅频特性和相频特性曲线。已知系统函数为 $H(s)$，将 $H(s)$ 表达式中的 s 换成 $j\omega$，就可以得到系统的频率响应 $H(j\omega)$。系统的频率特性曲线就是分别绘制出 $H(j\omega)$ 的幅值与 ω 和 $H(j\omega)$ 的相位与 ω 的关系图。

格式：bode(A，B)

功能：返回系统幅频和相频特性曲线图，其中 A、B 分别是系统函数分子和分母系数向量。

【例 7 - 23】　已知系统函数 $H(s) = \dfrac{16}{s^2 + 2s + 16}$，绘制该系统的频率特性曲线。

解　MATLAB 源程序如下：

```
A=[16];
B=[1 2 16];
bode(A，B);
grid on;
```

运行结果如图 7 - 39 所示。

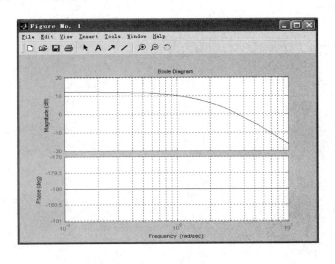

图 7 - 39　例 7 - 23 的运行结果

7.5.4　利用 MATLAB 实现几何矢量作图法绘制系统频率响应曲线

用 MATLAB 实现已知系统零极点分布，求系统频率响应，并绘制其幅频响应曲线的程序流程如下：

（1）定义包含系统所有零点和极点位置的行向量 q 和 p。

（2）定义绘制系统频率响应曲线的频率范围向量 f_1 和 f_2，频率抽样间隔 k，并产生频率等分点向量 f。

（3）求出系统所有零点和极点到这些等分点的距离。

（4）求出 $f_1 \sim f_2$ 频率范围内各频率等分点的幅值 $|H(j\omega)|$。

（5）绘制 $f_1 \sim f_2$ 频率范围内系统的幅频响应曲线。

【例 7 - 24】 已知某二阶系统的零极点分别为 $p_1 = -\alpha_1$、$p_2 = -\alpha_2$、$q_1 = q_2 = 0$(二重零点),试用 MATLAB 分别绘出该系统在下列三种情况下,系统在 $0 \sim 1$ kHz 频率范围内的幅频响应曲线,说明该系统的作用,并分析极点位置对系统频率响应的影响。

(1) $\alpha_1 = 100$,$\alpha_2 = 200$;

(2) $\alpha_1 = 500$,$\alpha_2 = 1000$;

(3) $\alpha_1 = 2000$,$\alpha_2 = 4000$。

解 (1) 根据系统零极点分析的几何矢量分析法的原理绘制幅频响应曲线,其 MAT-LAB 程序如下:

```
q=[0 0];
p=[-100 -200];
p=p';
q=q';
f=0:0.1:1000;
w=f*(2*pi);
y=i*w;
n=length(p);
m=length(q);
if n==0
yq=ones(m, 1)*y;
vq=yq-q*ones(1, length(w));
bj=abs(vq);
ai=1;
elseif m==0
yp=ones(n, 1)*y;
vp=yp-p*ones(1, length(w));
aj=abs(vp);
bj=1;
else
yp=ones(n, 1)*y;
yq=ones(m, 1)*y;
vp=yp-p*ones(1, length(w));
vq=yq-q*ones(1, length(w));
ai=abs(vp);
bj=abs(vq);
end
Hw=prod(bj, 1)./prod(ai, 1);
plot(f, Hw);
title('连续时间系统幅频响应曲线')
xlabel('频率 w(单位:赫兹)')
ylabel('F(jw)')
```

上述命令绘制的系统幅频响应曲线如图 7 - 40 所示。

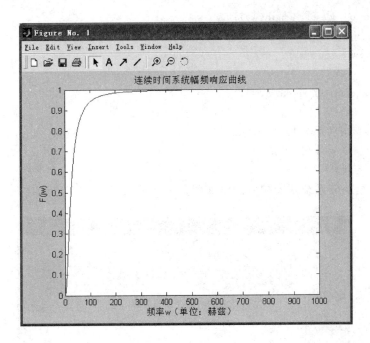

图 7 - 40　例 7 - 24(1)图

(2) 其 MATLAB 程序如下：

```
q=[0 0];
p=[-500 -1000];
p=p';
q=q';
f=0:0.1:1000;
w=f*(2*pi);
y=i*w;
n=length(p);
m=length(q);
if n==0
yq=ones(m,1)*y;
vq=yq-q*ones(1,length(w));
bj=abs(vq);
ai=1;
elseif m==0
yp=ones(n,1)*y;
vp=yp-p*ones(1,length(w));
aj=abs(vp);
bj=1;
else
yp=ones(n,1)*y;
yq=ones(m,1)*y;
vp=yp-p*ones(1,length(w));
```

```
vq＝yq－q * ones(1, length(w));
ai＝abs(vp);
bj＝abs(vq);
end
Hw＝prod(bj, 1)./prod(ai, 1);
plot(f, Hw);
title('连续时间系统幅频响应曲线')
xlabel('频率 w(单位：赫兹)')
ylabel('F(jw)')
```

上述命令绘制的系统幅频响应曲线如图 7 - 41 所示。

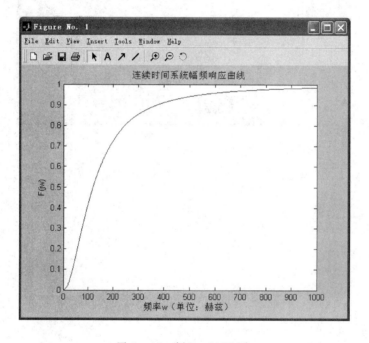

图 7 - 41　例 7 - 24(2)图

(3) 其 MATLAB 程序如下：

```
q＝[0 0];
p＝[－2000 －4000];
p＝p';
q＝q';
f＝0：0.1：1000;
w＝f * (2 * pi);
y＝i * w;
n＝length(p);
m＝length(q);
if n＝＝0
yq＝ones(m, 1) * y;
vq＝yq－q * ones(1, length(w));
bj＝abs(vq);
```

```
ai＝1；
elseif m＝＝0
yp＝ones(n, 1) * y；
vp＝yp－p * ones(1, length(w))；
aj＝abs(vp)；
bj＝1；
else
yp＝ones(n, 1) * y；
yq＝ones(m, 1) * y；
vp＝yp－p * ones(1, length(w))；
vq＝yq－q * ones(1, length(w))；
ai＝abs(vp)；
bj＝abs(vq)；
end
Hw＝prod(bj, 1)./prod(ai, 1)；
plot(f, Hw)；
title('连续时间系统幅频响应曲线')
xlabel('频率 w(单位：赫兹)')
ylabel('F(jw)')
```

上述命令绘制的系统幅频响应曲线如图 7 – 42 所示。

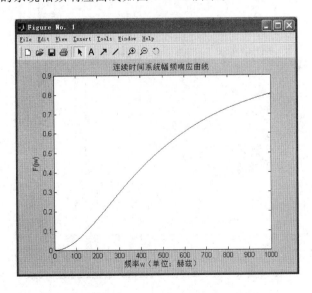

图 7 – 42　例 7 – 24(3)图

由图 7 – 40、图 7 – 41 和图 7 – 42 所示的系统幅频响应曲线可以看出，该系统呈高通特性，是一个二阶高通滤波器。当系统极点位置发生变化时，其高通特性也随之发生改变；当 α_1、α_2 离原点较近时，高通滤波器的截止频率较低；而当 α_1、α_2 离原点较远时，滤波器的截止频率也随之向高频方向移动。因此，可以通过改变系统的极点位置来设计不同带宽的高通滤波器。

7.6　离散时间信号与系统的时域分析用 MATLAB 实现

7.6.1　离散时间序列的 MATLAB 实现

【例 7 - 25】 产生一个单位阶跃序列 $\varepsilon_n = \begin{cases} 1 & n=0 \\ 0 & n\neq 0 \end{cases}$。

解　由 MATLAB 产生的信号实际上是离散的。可以使用命令 stem(n，x)作出离散序列 x(n)各离散时间点 n 的取值。

```
n0＝0；
n1＝－10；
n2＝10；
n＝[n1：n2]；
x＝[(n－n0)＞＝0]；
stem(n，x)；
grid on；
axis[－11 11 0 1.2]；
title('单位阶跃序列')；
```

运行结果如图 7 - 43 所示。

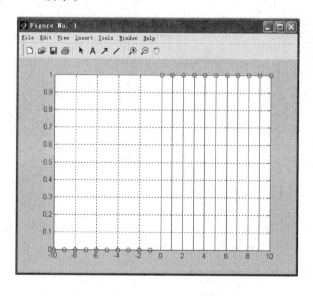

图 7 - 43　例 7 - 25 的运行结果

7.6.2　卷积和的 MATLAB 实现

【例 7 - 26】 若 $x(k)=[1, 1, 0, 1, 0, 1]$，计算离散卷积和 $y(k)=x(k) * x(k)$。

解　MATLAB 实现程序为：

```
x＝[1, 1, 0, 1, 0, 1]；
y＝conv(x, x)；
```

```
subplot(2, 1, 1)
stem([0: length(x)−1], x)
ylabel('x(k)')
xlabel('时间 k')
title('离散序列卷积')
subplot(2, 1, 2)
stem([0: length(y)−1], y)
ylabel('y(k)=x(k) * x(k)')
xlabel('时间 k')
```

x(k)和 y(k)的时域波形如图 7 - 44 所示。

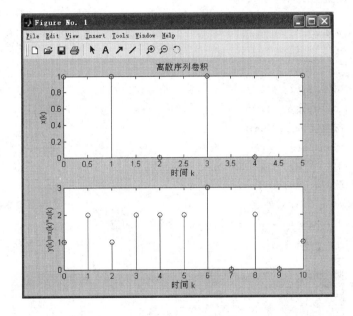

图 7 - 44　例 7 - 26 的运行结果

7.6.3　由差分方程求解离散时间系统响应的 MATLAB 实现

对于离散时间系统的时域分析，主要是从其差分方程入手，去揭示它的响应本质。下面介绍如何通过调用 MATLAB 相关命令来求给定的差分方程。

1. 涉及的 MATLAB 函数

1）filter

调用格式：filter(b, a, x)

功能：返回离散时间系统的零状态响应，其中 b、a 是差分方程的系数向量，x 为输入序列。

2）impz

调用格式：impz(b, a, N)

功能：返回离散时间系统的单位脉冲响应，其中 b、a 是差分方程的系数向量，N 为输出序列的时间范围。

3) stepz

调用格式：stepz(b，a，N)

功能：返回离散时间系统的单位阶跃响应，其中 b、a 是差分方程的系数向量，N 为输出序列的时间范围。

2. 应用实例

【**例 7 - 27**】　(1) 给定系统的差分方程 $y(n)-0.4y(n-1)+0.8y(n-2)=f(n)+0.7x(n-1)$，当 $f(n)=0.5\varepsilon(n)$ 时，求零状态响应 $y(n)$；(2) 求出并绘制单位脉冲响应 $h(n)$ 和单位阶跃响应 $\varepsilon(n)$。

解　MATLAB 程序如下：

```
b=[1 0.7];                                    %差分方程系数向量
a=[1 -0.4 0.8];                               %设定序列范围
n=0：30；
fn=0.5.^n;                                    %输入信号
y1=filter(b, a, fn);                          %零状态响应
subplot(311), stem(n, y1, 'filled');
title('零状态响应'); grid on;
y2=impz(b, a, 31);                            %单位脉冲响应
subplot(312), stem(n, y2, 'filled');
title('单位脉冲响应'); grid on;
y3=stepz(b, a, 31);                           %单位阶跃响应
subplot(313), stem(n, y3, 'filled'); title('单位阶跃响应'); grid on;
```

运行结果如图 7 - 45 所示。

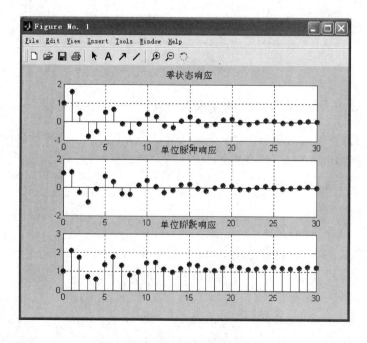

图 7 - 45　例 7 - 27 的运行结果

7.7　离散时间信号与系统的 z 域分析及 MATLAB 实现

7.7.1　利用 MATLAB 实现 $\mathscr{Z}$ 正、反变换

1. 涉及 MATLAB 函数

1）ztrans 函数

调用格式：F＝ztrans(f)

功能：实现 f 的 $\mathscr{Z}$ 变换

2）iztrans 函数

调用格式：f＝iztrans(F)

功能：实现 f 的 $\mathscr{Z}$ 反变换

2. 应用实例

【例 7 - 28】　分别利用 MATLAB 实现 $f(n)=\sin(bn)\varepsilon(n)$ 的 $\mathscr{Z}$ 变换和 $F(z)=\dfrac{1}{(1+z)^3}$ 的 $\mathscr{Z}$ 反变换。

　　解　源程序如下：

```
f＝sym('sin(b * n)');
F＝ztrans(f)
F＝sym('1/(1+z)^3');
f＝iztrans(F)
```

运行结果如下：

＝

z * sin(b)/(z^2－2 * z * cos(b)＋1)

f ＝

charfcn[0](n)－(－1)^n＋3/2 * (－1)^n * n－1/2 * (－1)^n * n^2

7.7.2　离散时间系统频率响应的 MATLAB 实现

1. 涉及 MATLAB 函数

freqz 函数

　　调用格式：H＝freqz(num，den，omega)；

其中，num、den 分别是该离散系统的系统函数的分子、分母多项式的系数向量。

　　功能：该函数可以求出系统的频率响应的数值解，并可绘出系统的幅频及相频响应的曲线。

2. 应用实例

【例 7 – 29】 已知离散时间系统的传输函数为 $H(z) = \dfrac{z}{z-0.5}$，绘制其频率响应曲线。

解 MATLAB 源程序如下：

```
num=[1 0];
den=[1 -0.5];
omega=-pi:pi/150:pi;
H=freqz(num,den,omega);
subplot(211),plot(omega,abs(H));
subplot(212),plot(omega,180/pi*unwrap(angle(H)));
```

此程序运行结果如图 7 – 46 所示。

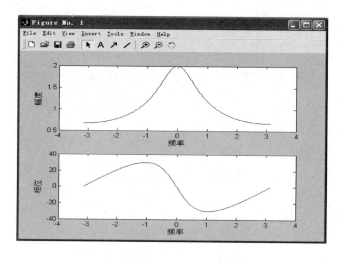

图 7 – 46 例 7 – 29 的运行结果

7.7.3 离散时间系统零极点分布图和系统幅频响应的 MATLAB 实现

1. 涉及 MATLAB 函数

zplane 函数

调用格式：zplane(b,a)

其中，b、a 分别是 H(z) 按 z^{-1} 的升幂排列的分子、分母系数行向量。注意当 b、a 同为标量时，如 b 为零点，则 a 为极点。

功能：实现系统函数零极点求解并绘制图形。

2. 应用实例

【例 7 – 30】 已知某线性非时变系统的传递函数为

$$H(z) = \frac{1-z^{-1}-2z^{-2}}{1+1.5z^{-1}-z^{-2}}$$

试用 MATLAB 在 z 平面中画出 $H(z)$ 的零点和极点，以及系统的幅频响应。

解 MATLAB 源程序如下：

```
b= [1, −1, −2];
a=[1, 1.5, −1];
%figure
subplot(221)
zplane(b, a)
xlabel('虚部')
ylabel('实部')
title('零极点图')
[H, w]=freqz(b, a, 250);
%figure
subplot(222)
plot(w, abs(H))
xlabel('频率')
ylabel('幅度')
title('幅频响应图')
```

此程序运行结果如图 7 − 47 所示。

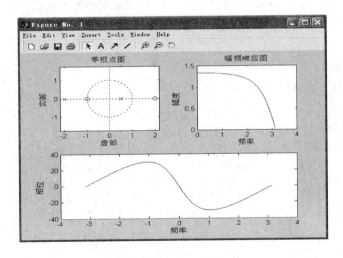

图 7 − 47　例 7 − 31 的运行结果

附录 A 实　　训

实训 1——连续时间系统的模拟 *

一、实训目的

(1) 了解基本运算器——比例放大器、加法器和积分器的电路结构和运算功能。

(2) 掌握用基本运算单元模拟连续时间一阶系统原理与测试方法。

二、实训设备

(1) 双踪示波器	1 台
(2) 函数信号发生器	1 台
(3) 数字万用表	1 台
(4) 信号与系统实验箱(LTE - XH - 02D)(如图 A1 - 0 所示)	1 台

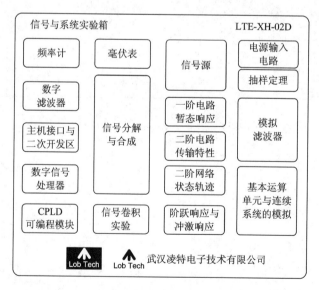

图 A1 - 0　LET - XH - 02D 实验箱面板示意图

---

* 本实训配合第 2 章内容。

三、实训内容

1. 基本运算器——加法器的观测

（1）同学们自己动手连接如图 A1-1 所示实验电路。

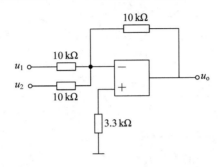

图 A1-1 加法器实验电路图

（2）将 2 V、3 V 电压接至电路 u_1、u_2 端。可自己搭分压电路来得到 2 V 和 3 V 电压，同时输入加法器，或者一路输入信号源产生的电压，一路直接输入一个 5 V 电压。

（3）用万用表测量 u_o 端电压看是否为输入的两路电压之和，并完成下表：

输入 u_1		输入 u_2		输出 u_o	
电压/V	波形	电压/V	波形	电压/V	波形

2. 基本运算器——比例放大器的观测

（1）连接如图 A1-2 所示实验电路，可选择不同的电阻值以改变放大比例。

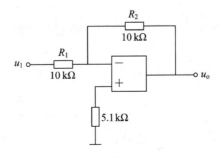

图 A1-2 比例放大器实验电路

（2）信号发生器产生 $u_1 = 1$ V、$f = 1$ kHz 的方波送入输入端，示波器同时观察输入、输出波形并比较，完成下表：

输入 u_1			输出 u_o	
电阻	电压/V	波形	电压/V	波形
$R_1 =$				
$R_2 =$				
$R_1 =$				
$R_2 =$				

3. 基本运算器——积分器的观测

（1）连接如图 A1 - 3 所示实验电路。

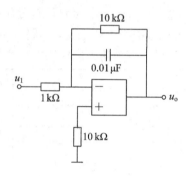

图 A1 - 3　积分器实验电路

（2）信号发生器产生 $u_1 = 1$ V、$f = 1$ kHz 的方波送入输入端，示波器同时观察输入、输出波形并比较，仿造上表完成实验数据记录。

四、实训报告要求

（1）准确绘制各基本运算器输入、输出波形，标出峰－峰电压及周期。
（2）绘制一阶模拟电路阶跃响应，标出峰－峰电压及周期。

实训 2——信号频谱分析*

一、实训目的

（1）了解使用硬件实验系统进行信号频谱分析的基本思路。
（2）掌握使用信号与系统实验箱进行实时信号频谱分析的方法。

二、实训设备

(1) 微型计算机　　　　　　　　　　　　　1 台
(2) 信号与系统实验箱(LTE‐XH‐02D)　　1 台
(3) 双踪示波器　　　　　　　　　　　　　1 台

三、实训内容

1. 观测已知方波信号、正弦波信号的频谱

方法：运行系统提供的软件，进入频谱分析窗口，按"信号装载"钮装载已知信号；按"运行"钮，窗口即显示该信号的频谱图。

2. 观测实时模拟信号的频谱

分析实验系统产生的信号：频率为 2 kHz、4 kHz、8 kHz 的方波信号、正弦波信号、三角波信号。

方法：运行系统提供的软件，进入频谱分析窗口，按"实时分析"钮，窗口即显示该实时信号的频谱图。

注：由于频谱分析时信号的采样频率为 128 kHz，因此只有当被测信号的频率和 128 成整数倍关系时，频谱图才比较稳定清晰。

3. 已知信号的频谱分析

进行已知信号分析时，在 PC 机显示器的界面上双击"dsp"的快捷键，双击画面出现主菜单后，再点击"频谱分析"。点击"信号装载" 钮后，将显示以下可选择要装载的信号：

"方波 T1. dat"、"方波 T4. dat"、"方波 T8. dat"、"正弦波 T1. dat"、"正弦波 T4. dat"、"正弦波 T8. dat"。

其中 3 个方波和 3 个正弦波的信号频率分别为 1 kHz、4 kHz、8 kHz。

选定某一信号，装载后，点击"运行"，则可在 PC 机显示器上观察到信号的频谱(FFT 的长度为 128)。

4. 实时模拟信号的频谱分析

对实时模拟信号进行分析时，在 PC 机显示器的界面上双击"dsp"的快捷键，双击画面出现主菜单后，再点击"频谱分析"。

分析实验系统产生的信号通过实验装置上的信号源的跳线开关选择方波信号、正弦波信号、三角波信号。点击 PC 机屏上的"实时分析"按钮，即可在 PC 机显示器上观察到实时信号的频谱。

由于采样频率为 128 kHz，FFT 的长度为 128，因此频率分辨率为 1 kHz，当信号频率为 1 kHz 的整数倍时，测量准确。其他频率测试时结果有一定误差。

四、实训报告要求

(1) 画出实验框图及连接图。
(2) 整理实验步骤，画出曲线图，分析频谱波形。

实训 3——线性时不变 LTI 系统频率特性分析 *

一、实训目的

（1）观察方波信号通过带限系统后的波形失真。

（2）掌握系统频率特性的测绘方法。

二、实训设备

函数发生器	1 台
低频毫伏表	1 台
频率计	1 台
示波器	1 台
直流稳压电源	1 台
信号与系统实验箱(LTE-XH-02D)	1 台

三、实训内容

（1）接通 ±12 V 直流电源。

（2）测各滤波器的频率曲线。使函数发生器输出幅度值恒为 1 V、频率按测试记录要求。依次将变化的正弦信号加在低通、带通、高通滤波器的输入端。在各滤波器的输出端依次用音频电压表测出输出电压值，将这些数据填入测试记录表，在坐标纸上描出各系统的实际频率响应曲线。

（3）测绘系统对 1 kHz 方波信号的响应曲线。从函数发生器输出频率为 1 kHz、幅度恒定在 1~2 V 之间的方波信号，将该方波信号分别加在各系统的输入端，同时用示波器分别观察各系统输出的波形，并记录之。

（4）改变函数发生器方波频率，观察系统输出波形的变化情况，试说明为什么有这样的变化。

四、实训报告要求

（1）画出实验框图及连接图。

（2）整理实验步骤，画出特性曲线图，分析测试数据。

---

* 本实训配合第 4 章内容。

实训 4——取样定理与信号恢复*

一、实验目的

（1）观察离散信号频谱，了解其频谱特点。

（2）验证取样定理并恢复原信号。

二、实训设备

（1）双踪示波器 1 台

（2）信号与系统实验箱（LTE‑XH‑02D） 1 台

三、实验内容

1. 观察取样信号波形

（1）信号发生器 TP701 输出 $f=1$ kHz、$u=1$ V 的三角波；

（2）连接信号源"输出"端与 P601；

（3）调整 W601 可改变取样频率，示波器观察 TP603（$F_s(t)$）的波形，完成下表：

取样频率	取样信号（$F_s(t)$）的波形
3 kHz	
6 kHz	
12 kHz	

2. 验证取样定理与信号恢复

（1）信号恢复实验方案方框图如图 A4‑1 所示。

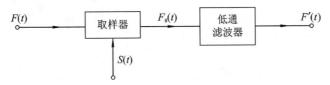

图 A4‑1 信号恢复实验方框图

（2）分别设计两个有源低通滤波器，电路形式如图 A4‑2 所示。分别设 $f_{c1}=2$ kHz，$f_{c2}=4$ kHz，$R_1=R_2=5.1$ kΩ，试计算 C_1 和 C_2 值（计算公式见下式）。

$$C_1 = \frac{Q}{\pi f_c R}$$

$$C_2 = \frac{1}{4\pi f_c QR}$$

---

* 本实训配合第 5 章内容。

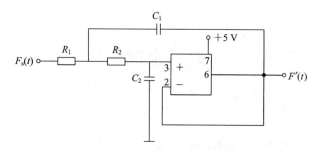

图 A4 - 2 有源低通滤波器

（3）信号发生器输出 $f=1\ \text{kHz}$、$u=1\ \text{V}$ 有效值的三角波接于 TP601，$F_s(t)$ 的输出端（TP603）与低通滤波器输入端相连，示波器 CH1 接于 TP601 观察原始被取样信号，CH2 接于 TP604 观察恢复的信号波形。

（4）设 1 kHz 的三角波信号的有效带宽为 3 kHz，$F_s(t)$ 信号分别通过截止频率为 f_{c1} 和 f_{c2} 的低通滤波器，观察其原信号的恢复情况，并完成下表的观察任务：

当取样频率为 3 kHz 和截止频率为 2 kHz 时

$F_s(t)$ 的波形	$F'(t)$ 波形

当取样频率为 6 kHz 和截止频率为 2 kHz 时

$F_s(t)$ 的波形	$F'(t)$ 波形

当取样频率为 12 kHz 和截止频率为 2 kHz 时

$F_s(t)$ 的波形	$F'(t)$ 波形

当取样频率为 3 kHz 和截止频率为 4 kHz 时

$F_s(t)$ 的波形	$F'(t)$ 波形

当取样频率为 6 kHz 和截止频率为 4 kHz 时

$F_s(t)$的波形	$F'(t)$波形

当取样频率为 12 kHz 和截止频率为 4 kHz 时

$F_s(t)$的波形	$F'(t)$波形

四、实训报告要求

（1）整理数据，正确填写表格，总结离散信号频谱的特点。

（2）整理在不同取样频率（三种频率）情况下，$F(t)$与$F'(t)$波形，比较后得出结论。

（3）比较$F(t)$分别为正弦波和三角波，其$F_s(t)$的频谱特点。

（4）通过本实验你有何体会。

附录 B 习 题 答 案

习题 1 答案

一、填空题

1. 电信号　　2. 频域表示法　　3. $y(t) = f(-t)$　　4. $|b|$，右，左

5. $f(at)$　　6. $180°$　　7. 确定信号　　8. 周期信号

二、计算分析题

1. 信号的描述方式主要有两种：一种是解析函数表达形式；另一种是图像表达形式。

2. (1) 确定信号与随机信号，(2) 周期信号与非周期信号，(3) 连续信号与离散信号，(4) 能量信号与功率信号。

3. (1) 系统分析研究系统外部特性，关心输入与输出之间的关系，分析系统的功能和特性，并判断系统能否与给定的信号相匹配，能否完成传输和处理给定信号的任务。

(2) 电路分析研究电路网络内部特性，关心内部的结构和参数，如 R、L、C 的数值和连接方式以及支路的电压、电流和功率等。

4.

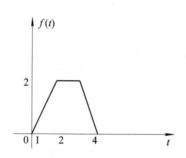

5. (略)

习题 2 答案

一、填空题

1. 零输入响应　　2. 阶跃响应　　3. $u(t)$　　4. $\delta(t)$

5. $f(0)\delta(t)$　　6. $f(t_0)\delta(t-t_0)$

二、选择题

1. (A)(B)　　2. (A)　　3. (B)　　4. (B)　　5. (C)

三、计算分析题

1. **解** 因 $f(t)=\mathrm{e}^{-t}$，$\alpha=-1$ 与一个特征根 $\lambda_1=-1$ 相同，因此该方程的特解

$$y_\mathrm{p}(t)=P_1 t\mathrm{e}^{-t}+P_0\mathrm{e}^{-t}$$

将特解代入微分方程有

$$(P_1 t\mathrm{e}^{-t}+P_0\mathrm{e}^{-t})''+3(P_1 t\mathrm{e}^{-t}+P_0\mathrm{e}^{-t})'+2(P_1 t\mathrm{e}^{-t}+P_0\mathrm{e}^{-t})=\mathrm{e}^{-t}$$

运算后由待定系数法解得 $P_0=0$，$P_1=1$，所以特解 $y_\mathrm{p}(t)=t\mathrm{e}^{-t}$。

2. (1) $\dfrac{\sqrt{2}}{2}$　(2) $\dfrac{1}{2\mathrm{e}}$　(3) $19\delta(t-2)$　(4) $\dfrac{1}{2}\mathrm{e}^4\delta(t+1)$　(5) 0

3. **解** 由原方程可得 $h''(t)+3h'(t)+2h(t)=2\delta'(t)+3\delta(t)$　　$t\geqslant 0$

由于方程式右侧存在冲激信号 $\delta'(t)$，为了保持动态方程式的左右平衡，$h''(t)$ 也必须含有 $\delta'(t)$。这样 $h'(t)$ 应含有 $\delta(t)$，冲激响应必含有 $u(t)$。考虑到动态方程的特征方程为 $\lambda^2+3\lambda+2=0$ 特征根 $\lambda_1=-1$，$\lambda_2=-2$，因此设

$$h(t)=A\mathrm{e}^{-t}u(t)+B\mathrm{e}^{-2t}u(t)$$

式中 A、B 为待定系数，将 $h(t)$ 代入原方程式，解得 $A=1$，$B=1$，因此系统的冲激响应为

$$h(t)=\mathrm{e}^{-t}u(t)+\mathrm{e}^{-2t}u(t)$$

习题 3 答案

一、填空题

1. $a_n=\dfrac{4}{T}\displaystyle\int_0^{T/2}f(t)\cos n\omega_1 t\,\mathrm{d}t$　2. $\sin n\omega_1 t=\dfrac{1}{2\mathrm{j}}(\mathrm{e}^{\mathrm{j}\omega t}-\mathrm{e}^{-\mathrm{j}\omega t})$，$\cos n\omega_1 t=\dfrac{1}{2}(\mathrm{e}^{\mathrm{j}\omega t}+\mathrm{e}^{-\mathrm{j}\omega t})$

3. 谐波性，收敛性　　4. $\dfrac{1}{\mathrm{j}\omega-2}$　　5. 1　　6. $F(\mathrm{j}\omega)=\pi\delta(\omega)+\dfrac{1}{\mathrm{j}\omega}$

7. 线性失真　8. $f(at\pm b)\leftrightarrow\dfrac{1}{|a|}F\left(\mathrm{j}\,\dfrac{\omega}{a}\right)\mathrm{e}^{\pm\mathrm{j}\frac{b}{a}\omega}$

二、选择题

1. (C)　2. (A)　3. (B)　4. (D)　5. (C)

三、计算分析题

1. (1) $F(\omega)=\displaystyle\int_{-\infty}^{\infty}f(t)\mathrm{e}^{-\mathrm{j}\omega t}\,\mathrm{d}t=\int_{-\infty}^{0}\mathrm{e}^{2t}\mathrm{e}^{-\mathrm{j}\omega t}\,\mathrm{d}t+\int_{0}^{\infty}\mathrm{e}^{-2t}\mathrm{e}^{-\mathrm{j}\omega t}\,\mathrm{d}t$

$$=\dfrac{1}{2-\mathrm{j}\omega}+\dfrac{1}{2+\mathrm{j}\omega}=\dfrac{4}{4+\omega^2}$$

(2) $F(\omega)=\displaystyle\int_{-\infty}^{\infty}f(t)\mathrm{e}^{-\mathrm{j}\omega t}\,\mathrm{d}t=\int_{0}^{\infty}\mathrm{e}^{-at}\cdot\dfrac{1}{2\mathrm{j}}(\mathrm{e}^{\mathrm{j}\omega_0 t}-\mathrm{e}^{-\mathrm{j}\omega_0 t})\mathrm{e}^{-\mathrm{j}\omega t}\,\mathrm{d}t$

$$=\dfrac{1}{2\mathrm{j}}\int_{0}^{\infty}\left[\mathrm{e}^{\mathrm{j}\omega_0 t}\cdot\mathrm{e}^{(-a-\mathrm{j}\omega)t}-\mathrm{e}^{-\mathrm{j}\omega_0 t}\cdot\mathrm{e}^{(-a-\mathrm{j}\omega)t}\right]\mathrm{d}t$$

$$=\dfrac{1}{2\mathrm{j}}\left[\dfrac{1}{(\alpha+\mathrm{j}\omega)-\mathrm{j}\omega_0}-\dfrac{1}{(\alpha+\mathrm{j}\omega)+\mathrm{j}\omega_0}\right]$$

$$=\dfrac{1}{2\mathrm{j}}\cdot\dfrac{2\mathrm{j}\omega_0}{(\alpha+\mathrm{j}\omega)^2+\omega_0^2}=\dfrac{\omega_0}{(\alpha+\mathrm{j}\omega)^2+\omega_0^2}$$

2. 因为

$$2 \leftrightarrow 4\pi\delta(\omega)$$

$$4\cos t \leftrightarrow 4\pi[\delta(\omega - 1) + \delta(\omega + 1)]$$

$$3\cos 3t \leftrightarrow 3\pi[\delta(\omega - 3) + \delta(\omega + 3)]$$

故有

$$F(\omega) = 4\pi[\delta(\omega) + \delta(\omega - 1) + \delta(\omega + 1)] + 3\pi[\delta(\omega - 3) + \delta(\omega + 3)]$$

3. (1) 因

$$e^{-at} \leftrightarrow \frac{1}{\alpha + j\omega}$$

故

$$e^{-(2+j5)t} \leftrightarrow \frac{1}{(2+j5) + j\omega} = \frac{1}{2 + j(5 + \omega)}$$

(2) 因　　　　$$\varepsilon(t) - \varepsilon(t - 2) = G_\tau(t)\varepsilon(t - 1), \ \tau = 2$$

故

$$F(\omega) = \tau \operatorname{Sa}\left(\frac{\omega\tau}{2}\right) e^{-j\omega} = 2\operatorname{Sa}(\omega)e^{-j\omega}$$

4. (1) 因为

$$A\cos(\omega_0 t) \leftrightarrow A\pi[\delta(\omega + \omega_0) + \delta(\omega - \omega_0)]$$

$$\varepsilon(t) \leftrightarrow \pi\delta(\omega) + \frac{1}{j\omega}$$

所以由时域卷积定理

$$F(\omega) = A\pi[\delta(\omega + \omega_0) + \delta(\omega - \omega_0)] \cdot \left[\pi\delta(\omega) + \frac{1}{j\omega}\right]$$

$$= \frac{A\pi}{j\omega}[\delta(\omega + \omega_0) + \delta(\omega - \omega_0)]$$

(2) 因为

$$A\sin(\omega_0 t) \leftrightarrow jA\pi[\delta(\omega + \omega_0) - \delta(\omega - \omega_0)]$$

$$\varepsilon(t) \leftrightarrow \pi\delta(\omega) + \frac{1}{j\omega}$$

由频域卷积定理

$$F(\omega) = \frac{1}{2\pi}\left\{jA\pi[\delta(\omega + \omega_0) - \delta(\omega - \omega_0)] * \left[\pi\delta(\omega) + \frac{1}{j\omega}\right]\right\}$$

$$= \frac{jA\pi}{2}[\delta(\omega + \omega_0) - \delta(\omega - \omega_0)] - \frac{\omega_0 A}{\omega^2 - \omega_0^2}$$

习题 4 答案

一、填空题

1. s^n；$\dfrac{1}{s - \alpha}$　　2. $\dfrac{1}{s}e^{-4s}$，$e^{-\tau s}$　　3. $e^{-t}u(t)$，$-e^{-t}u(-t)$

4. $t^2 e^{-at}u(t)$，$\dfrac{1}{6}t^3 u(t)$　　5. $f_1(t) * f_2(t) \overset{\mathscr{L}}{\longleftrightarrow} F_1(s)F_2(s)$

6. $\displaystyle\int_{-\infty}^{\infty}|h(t)|\,\mathrm{d}t\leqslant M$

7. 冲激响应 $h(t)=0$，$t<0$ 或系统函数 $H(s)$ 的收敛域为 $\mathrm{Re}\{s\}>\sigma_0$

8. 稳定、不稳定和临界稳定

二、选择题

1. (C) 2. (D) 3. (A) 4. (B) 5. (C) 6. (C) 7. (D) 8. (B)

9. (B) 10. (A)

三、计算分析题

1. (1) $\dfrac{\alpha}{s(s+\alpha)}$ (2) $\dfrac{1}{(s+2)^2}$ (3) $\dfrac{\pi}{s^2+\pi^2}$ (4) $\dfrac{2}{(s+2)^2+4}$ (5) $\dfrac{s+3}{(s+1)^2}$

(6) $2-\dfrac{3}{s+7}$ (7) $\dfrac{\mathrm{e}^2}{s+2}$ (8) $\dfrac{\mathrm{e}^{-2}}{s+2}$ (9) $\dfrac{\mathrm{e}^{-2}}{s+2}$ (10) $\dfrac{\mathrm{e}^{-2}}{s+2}$

2. (1) $\dfrac{1}{s}(1-\mathrm{e}^{-s})$ (2) $\left(\dfrac{\omega_0}{s^2+\omega_0^2}\right)\mathrm{e}^{-s\tau}$ (3) $\dfrac{1}{s+3}$ (4) $\dfrac{1}{s+4}-\dfrac{1}{s+3}$

(5) $\dfrac{1}{(s+\alpha)^2}$ (6) $\dfrac{s\cdot\sin\omega_0\tau+\omega_0\cos\omega_0\tau}{s^2+\omega_0^2}$

3. (1) $\mathrm{e}^{-t}u(t)$ (2) $-\mathrm{e}^{-t}u(-t)$ (3) $\cos 4t\cdot u(t)$ (4) $[\mathrm{e}^{-(t-1)}\cos 2(t-1)]u(t-1)$

(5) $-2\mathrm{e}^{-3t}u(-t)+\mathrm{e}^{-2t}u(-t)$ (6) $-tu(t)-\mathrm{e}^t u(-t)$ (7) $(2\mathrm{e}^{-3t}\mathrm{e}^{-2t})u(t)$

(8) $-\dfrac{1}{2}u(-t)-\dfrac{1}{2}\mathrm{e}^{-2t}u(t)$

4. (1) $\dfrac{1}{s+1}-\dfrac{1}{s+2}\mathrm{e}^{-2s}$ (2) $\dfrac{1}{s+1}[1-\mathrm{e}^{-2(s+1)}]$ (3) $\dfrac{1}{s}\dfrac{\pi}{s^2+\pi^2}$

(4) $\dfrac{s\pi}{s^2+\pi^2}$ (5) $\dfrac{2}{(s+2)^3}$ (6) $\dfrac{2s^3-6s}{(s^2+1)^3}$

(7) $\ln\dfrac{s+\alpha}{s}$ (8) $\ln\dfrac{s+3}{s+5}$ (9) $\dfrac{(s+\alpha)^2-\beta^2}{[(s+\alpha)^2+\beta^2]^2}$

5. (1) $\dfrac{2s\omega}{(s^2+\omega^2)^2}$ (2) $\dfrac{2}{(s+2)^3}$ (3) $\dfrac{\dfrac{\omega}{5}}{\left(s+\dfrac{1}{5}\right)^2+\left(\dfrac{\omega}{5}\right)^2}$ (4) $\dfrac{s+5}{(s+5)^2+\omega^2}$

6. (1) 1 (2) 0 (3) 1/9 (4) -4

7. (1) 0 (2) 0 (3) 不存在 (4) 不存在

8. (1) $\left[\dfrac{3}{5}-\dfrac{3}{5}\mathrm{e}^{-t}\cos 2t+\dfrac{7}{10}\mathrm{e}^{-t}\sin 2t\right]u(t)$ (2) $[2-3t\mathrm{e}^{-t}-\mathrm{e}^{-t}-\mathrm{e}^{-2t}]u(t)$

9. (1) $[-\mathrm{e}^{-2t}+2t\mathrm{e}^{-3t}+\mathrm{e}^{-3t}]u(t)$ (2) $\left[\dfrac{1}{2}\mathrm{e}^{-t}-\mathrm{e}^{-2t}+\dfrac{1}{2}\mathrm{e}^{-3t}\right]u(t)$

10. (1) $y_x(0)=0$，$y_x(\infty)=\dfrac{3}{5}$ (2) $y_x(0)=0$，$y_x(\infty)=2$

11. $u_C(t)=\mathrm{e}^{-\frac{1}{2}t}\left[\cos\left(\dfrac{\sqrt{3}}{2}t\right)-\dfrac{\sqrt{3}}{3}\sin\left(\dfrac{\sqrt{3}}{2}t\right)\right]$，$t>0$

12. $u_C(t)=5-2\mathrm{e}^{-t}-\mathrm{e}^{-2t}$，$t>0$

13. $u_C(t)=\dfrac{1}{37}\left[20\sin t-120\cos t+\mathrm{e}^{-\frac{1}{16}t}\left(120\cos\dfrac{\sqrt{63}}{16}t-\dfrac{200}{\sqrt{63}}\sin\dfrac{\sqrt{63}}{16}t\right)\right]u(t)$

$$u_{2h}(t) = \frac{1}{37} e^{-\frac{1}{16}t} (120 \cos \frac{\sqrt{63}}{16}t - \frac{200}{\sqrt{63}} \sin \frac{\sqrt{63}}{16}t), \ t > 0$$

$$u_{2p}(t) = \frac{1}{37} (20 \sin t - 120 \cos t) u(t)$$

$$u_2(t) = u_{2p}(t), \ u_{2t}(t) = u_{2h}(t)$$

14. (1) $4e^{-\frac{t}{2}} u(t)$ (2) $(-2.4 e^{-\frac{1}{2}t} + 6.4 \cos t - 3.2 \sin t) u(t)$

(3) $(-12 e^{-\frac{1}{2}t} + 16 e^{-t}) u(t)$

15. $H(s) = \dfrac{4s^3 + 15s^2 + 112s}{4s^2 + 16s + 16}$

16. 皆为不稳定系统

17. $0 < K < 1$

习题 5 答案

一、填空题

1. 连续系统的微分方程，差分方程

2. 自由响应，强迫响应，全响应

3. 加法器，乘法器，移位器

4. 级数求和法，序列阵法，图形扫描法

5. 初始状态，零输入响应，输入激励，零状态响应

二、选择题

1. (B)   2. (C)   3. (A)   4. (A)   5. (D)

三、计算分析题

1. (1) $y(k) = \left(\dfrac{1}{2}\right)^k$ (2) $y(k) = -\dfrac{1}{3}(-3)^k$ (3) $y(k) = 2(-1)^k - 4(-2)^k$

(4) $y(k) = \cos\left(\dfrac{k\pi}{2}\right) + \sin\left(\dfrac{k\pi}{2}\right)$ (5) $y(k) = 3^k - (k+1)(2)^k$

2. (a) $y(k+1) + ay(k) = bx(k)$ (b) $y(k) + ay(k-1) = bx(k)$

(c) $b_0 x(k) + b_1 x(k-1) = y(k)$

3. (1) $y(k) = (-2)^k$ (2) $y(k) = 7(-2)^k - 5(-3)^k$

(3) $y(k) = -(\sqrt{2})^k \sin\left(\dfrac{k\pi}{4}\right)$ (4) $y(k) = (1-k)(-1)^k$

(5) $y(k) = \dfrac{1}{2}(\sqrt{2}-1)^{k-2} - \dfrac{1}{2}(\sqrt{2}+1)^{k-2}$

4. (1) $h(k) = (0.8)^{k+1} - (-0.2)^{k+1}$ (2) $h(k) = \dfrac{8 - 3\sqrt{2}}{8}(\sqrt{2}+1)^k + \dfrac{3\sqrt{2}}{8}(\sqrt{2}-1)^k$

(3) $h(k) = (1-k)(0.5)^k$ (4) $h(k) = \cos\left(\dfrac{k\pi}{2}\right)$ (5) $h(k) = \dfrac{1}{2} - \dfrac{1}{2}(-1)^k$

5. (1) 是因果关系   (2) 非因果关系   (3) 是因果关系   (4) 非因果关系

习题 6 答案

一、填空题

1. 卷积特性

2. 线性性质，移位性质，尺度变换性质，卷积和定理

3. 收敛域

4. 零状态响应，时域响应，频域响应，因果稳定性

5. 加法器，常数乘法器，z^{-1}

二、选择题

1.（A） 2.（C） 3.（A） 4.（B） 5.（D）

三、计算分析题

1. $F(z)=1+z^{-1}+z^{-2}+z^{-3}-z^{-4}-z^{-5}+z^{-6}$；$F_1(z)=z^{-1}F(z)$

2.（1）两个零点，两个一阶极点 （2）两个零点，两个一阶极点

（3）三个零点，两个一阶极点

3.（1）$x(0)=1$，$x(\infty)=2$ （2）$x(0)=-2$，$x(\infty)=2$

（3）$x(0)=1$，$x(\infty)=0$ （4）$x(0)=1$，$x(\infty)=0$

4.（1）$x(0)=\dfrac{1}{3}$，$x(1)=2$，$x(2)=-2$ （2）$x(0)=1$，$x(1)=\dfrac{2}{3}$，$x(2)=-\dfrac{2}{3}$

5.（1）$f(k)=[5+5(-1)^k]\varepsilon(k)$ （2）$f(k)=[4(-0.5)^k-3(-0.25)^k]\varepsilon(k)$

（3）$f(k)=[1+(-1)^k-2(-0.5)^k]\varepsilon(k)$ （4）$f(k)=\left(2-2\cos\dfrac{k\pi}{3}\right)\varepsilon(k)$

（5）$f(k)=2\delta(k)-[(-1)^{k-1}-6(5)^{k-1}]\varepsilon(k-1)$ （6）$f(k)=ka^{k-1}\varepsilon(k)$

6. $f(k)=2^k\varepsilon(k)$

参 考 文 献

［1］ 吴大正. 信号与线性系统分析. 3 版. 北京：高等教育出版社，1998.

［2］ 张绪宽. 信号与线性系统. 西安：西安电子科技大学出版社，2003.

［3］ 曹才开. 信号与系统. 北京：清华大学出版社，2006.

［4］ 郑君里. 信号与系统. 北京：高等教育出版社，2000.

［5］ 吴湘淇. 信号、系统与信号处理(上、下). 北京：电子工业出版社，1996.

［6］ 梁红、梁洁. 信号与系统分析及 MATLAB 软件的应用. 北京：电子工业出版社. 2002.

［7］ 张小虹. 信号与系统. 西安：西安电子科技大学出版社，2004.

［8］ 李宁，于素芹. 信号与系统分析基础例题与习题解. 北京：北京邮电大学出版社，2003.

［9］ 陈立万. 信号与线性系统. 北京：机械工业出版社.

［10］ 廖继红，刘俊. 信号与系统. 北京：电子工业出版社，2004.